JN061824

コンパクトシリーズ　数学

フーリエ解析・ラプラス変換

河村哲也　著

インデックス出版

Preface

大学で理工系を選ぶみなさんは、おそらく高校の時は数学が得意だったのではないでしょうか。本シリーズは高校の時には数学が得意だったけれども大学で不得意になってしまった方々を主な読者と想定し、数学を再度得意になっていただくことを意図しています。それとともに、大学に入って分厚い教科書が並んでいるのを見て尻込みしてしまった方を対象に、今後道に迷わないように早い段階で道案内をしておきたいという意図もあります。

数学は積み重ねの学問ですので、ある部分でつまずいてしまうと先に進めなくなるという性格をもっています。そのため分厚い本を読んでいて、枝葉末節にこだわると読み終えないうちに嫌になるということが多々あります。このような時には思い切って先に進めばよいのですが、分厚い本だとまた引っかかる部分が出てきて、自分は数学に向かないとあきらめてしまうことになりかねません。

このようなことを避けるためには、第一段階の本、あるいは読み返す本は「できるだけ薄い」のがよいと著者は考えています。そこで本シリーズは大学の２～３年次までに学ぶ数学のテーマを扱いながらも重要な部分を抜き出し、一冊については本文は 70 ～ 90 頁程度（Appendix や問題解答を含めてもせいぜい 100 ～ 120 頁程度）になるように配慮しています。具体的には本シリーズは

微分・積分
線形代数
常微分方程式
ベクトル解析
複素関数
フーリエ解析・ラプラス変換
数値計算

の７冊からなり、ふつうの教科書や参考書ではそれぞれ 200 ～ 300 ページになる内容のものですが、それをわかりやすさを保ちながら凝縮しています。

なお、本シリーズは性格上、あくまで導入を目的としたものであるため、今後、数学を道具として使う可能性がある場合には、本書を読まれたあともう一度、きちんと書かれた数学書を読んでいただきたいと思います。

河村哲也

Contents

Chapter 1

三角関数

1.1　三角関数とその性質

はじめに，三角関数とその性質についてまとめておきます．

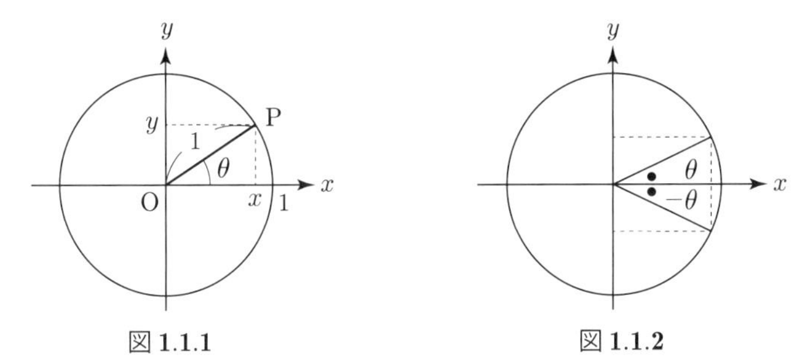

図 1.1.1　　　　図 1.1.2

図 1.1.1 に示すように xy 平面に原点中心の単位円を考え，円周上の任意の 1 点を P とすると点 P の座標は直線 OP と x 軸のなす角度 θ によって指定できます．すなわち，x 座標と y 座標はそれぞれ θ の関数になっています．これらをそれぞれ**余弦関数**（コサイン）および**正弦関数**（サイン）とよび

$$x = \cos\theta, \quad y = \sin\theta \tag{1.1.1}$$

と記します．**ピタゴラスの定理**から

$$y^2 + x^2 = \overline{OP}^2 (= 1)$$

が成り立つため，式(1.1.1) を代入すれば

$$(\sin\theta)^2 + (\cos\theta)^2 = 1 \tag{1.1.2}$$

となります．図 1.1.2 から

$$x = \cos(-\theta) = \cos\theta, \quad y = \sin(-\theta) = -\sin\theta \tag{1.1.3}$$

であることがわかります．また，代表的な角度に対して sin および cos は

$$\cos 0 = 1, \quad \cos(\pi/2) = 0, \quad \cos\pi = -1, \quad \cos(3\pi/2) = 0$$
$$\sin 0 = 0, \quad \sin(\pi/2) = 1, \quad \sin\pi = 0, \quad \sin(3\pi/2) = -1 \tag{1.1.4}$$

および

$$\cos(\pi/6) = \sqrt{3}/2, \quad \cos(\pi/4) = 1/\sqrt{2}, \quad \cos(\pi/3) = 1/2$$
$$\sin(\pi/6) = 1/2, \quad \sin(\pi/4) = 1/\sqrt{2}, \quad \sin(\pi/3) = \sqrt{3}/2 \tag{1.1.5}$$

という値をもちます（図 1.1.3).

平面上の点 P から出発して，原点中心の円のまわりを 1 周すればもとの点に戻るため

$$x = \cos\theta = \cos(\theta + 2\pi), \quad y = \sin\theta = \sin(\theta + 2\pi)$$
$$x = \cos\theta = \cos(\theta - 2\pi), \quad y = \sin\theta = \sin(\theta - 2\pi)$$

が成り立ちます．1 行目の式は反時計回り，2 行目の式は時計回りに 1 周した場合に対応します．同様に n を整数としたとき，原点中心の円を n 周しても同じ点に戻るため

$$x = \cos\theta = \cos(\theta + 2n\pi), \quad y = \sin\theta = \sin(\theta + 2n\pi) \tag{1.1.6}$$

が成り立ちます．すなわち三角関数は周期が 2π の**周期関数**になっています．

なお，この式は上の 2 つの式を特殊な場合（$n = \pm 1$）として含んでいます．

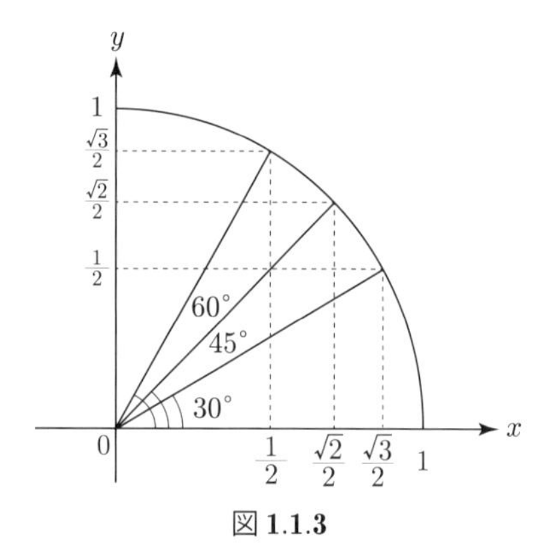

図 **1.1.3**

正弦関数と余弦関数に対して次の加法定理が成り立ちます．

Point

$$\cos(\alpha+\beta)=\cos\alpha\cos\beta-\sin\alpha\sin\beta \tag{1.1.7}$$

$$\sin(\alpha+\beta)=\sin\alpha\cos\beta+\cos\alpha\sin\beta \tag{1.1.8}$$

証明は以下のようにします．図 1.1.4 から，

$$\begin{aligned}\sin(\alpha+\beta)&=CE=CD+DE=CD+AB=CB\cos\alpha+OB\sin\alpha\\&=\sin\beta\cos\alpha+\cos\beta\sin\alpha=\sin\alpha\cos\beta+\cos\alpha\sin\beta\\\cos(\alpha+\beta)&=OE=OA-AE=OA-BD=OB\cos\alpha-CB\sin\alpha\\&=\cos\beta\cos\alpha-\sin\beta\sin\alpha=\cos\alpha\cos\beta-\sin\alpha\sin\beta\end{aligned}$$

が成り立ちます．一方，式(1.1.8) と式(1.1.3) から

$$\begin{aligned}\sin(\alpha-\beta)&=\sin\big(\alpha+(-\beta)\big)=\sin\alpha\cos(-\beta)+\cos\alpha\sin(-\beta)\\&=\sin\alpha\cos\beta-\cos\alpha\sin\beta\end{aligned}$$

すなわち

$$\sin(\alpha-\beta)=\sin\alpha\cos\beta-\cos\alpha\sin\beta \tag{1.1.9}$$

となり，同様にして

$$\cos(\alpha-\beta)=\cos\alpha\cos\beta+\sin\alpha\sin\beta \tag{1.1.10}$$

が成り立つことがわかります．

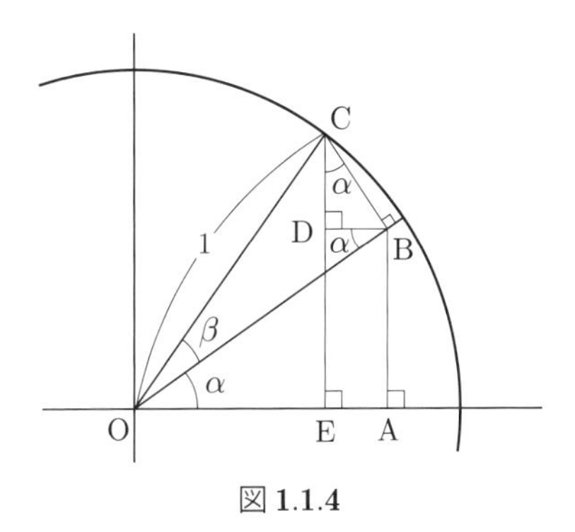

図 **1.1.4**

加法定理は上のように図を使って証明できますが，**オイラーの公式**

Point

$$e^{i\theta} = \cos\theta + i\sin\theta \tag{1.1.11}$$

を使うと計算によって示すこともできます．すなわち，

$$e^{i(\alpha+\beta)} = e^{i\alpha}e^{i\beta}$$

とオイラーの公式から

$$\begin{aligned}&\cos(\alpha+\beta) + i\sin(\alpha+\beta)\\&= e^{i(\alpha+\beta)} = e^{i\alpha}e^{i\beta} = (\cos\alpha + i\sin\alpha)(\cos\beta + i\sin\beta)\\&= (\cos\alpha\cos\beta - \sin\alpha\cos\beta) + i(\sin\alpha\cos\beta + \cos\alpha\sin\beta)\end{aligned}$$

となりますが，この式の実部と虚部を等しいとおけば加法定理が導けます．

加法定理と式(1.1.4) を用いればよく知られた関係

$$\sin(\pi/2-\theta) = \cos\theta, \quad \cos(\pi/2-\theta) = \sin\theta \tag{1.1.12}$$

を，式を使って証明できます．たとえば前者は

$$\begin{aligned}\sin(\pi/2-\theta) &= \sin(\pi/2)\cos\theta - \cos(\pi/2)\sin\theta\\&= 1\times\cos\theta - 0\times\sin\theta\\&= \cos\theta\end{aligned}$$

となります．後者も同様です．また，公式

$$\begin{aligned}&\sin(\pi-\theta) = \sin\theta, \quad \cos(\pi-\theta) = -\cos\theta\\&\sin(\pi+\theta) = -\sin\theta, \quad \cos(\pi+\theta) = -\cos\theta\end{aligned} \tag{1.1.13}$$

も簡単に得られます．たとえば

$$\cos(\pi-\theta) = \cos\pi\cos\theta + \sin\pi\sin\theta = (-1)\times\cos\theta + 0\times\sin\theta = -\cos\theta$$

のように計算します．残りの式も同様です．

三角関数の積を和で表現する次の公式も有用です．

Point

$$\sin\alpha\cos\beta = \frac{1}{2}\left\{\sin(\alpha+\beta)+\sin(\alpha-\beta)\right\} \tag{1.1.14}$$

$$\cos\alpha\sin\beta = \frac{1}{2}\left\{\sin(\alpha+\beta)-\sin(\alpha-\beta)\right\} \tag{1.1.15}$$

$$\cos\alpha\cos\beta = \frac{1}{2}\left\{\cos(\alpha+\beta)+\cos(\alpha-\beta)\right\} \tag{1.1.16}$$

$$\sin\alpha\sin\beta = -\frac{1}{2}\left\{\cos(\alpha+\beta)-\cos(\alpha-\beta)\right\} \tag{1.1.17}$$

これらはどれも右辺に加法定理を使えば証明できるため式(1.1.14) のみ示します．式(1.1.14) の右辺の括弧内を加法定理で展開すれば

$$\begin{aligned}&\sin(\alpha+\beta)+\sin(\alpha-\beta)\\&\qquad=\sin\alpha\cos\beta+\cos\alpha\sin\beta+\sin\alpha\cos\beta-\cos\alpha\sin\beta=2\sin\alpha\cos\beta\end{aligned}$$

となるため，両辺を 2 で割れば式(1.1.14) になります．

三角関数には **2 倍角の公式**, **3 倍角の公式**とよばれる以下の関係があります．

Point

$$\sin 2\theta = 2\sin\theta\cos\theta \tag{1.1.18}$$

$$\cos 2\theta = \cos^2\theta-\sin^2\theta = 2\cos^2\theta-1 = 1-2\sin^2\theta \tag{1.1.19}$$

$$\sin 3\theta = 3\sin\theta-4\sin^3\theta, \quad \cos 3\theta = 4\cos^3\theta-3\cos\theta \tag{1.1.20}$$

これらも加法定理から証明できますが，オイラーの公式と指数関数の公式を用いても簡単に証明できます．たとえば，式(1.1.20) については以下のようになります．すなわち，

$$\begin{aligned}&\cos 3\theta+i\sin 3\theta = e^{3i\theta} = (e^{i\theta})^3 = (\cos\theta+i\sin\theta)^3\\&=\cos^3\theta+3i\cos^2\theta\sin\theta+3\cos\theta\times(i)^2\sin^2\theta+(i)^3\sin^3\theta\\&=\cos^3\theta-3\cos\theta\sin^2\theta+i(3\cos^2\theta\sin\theta-\sin^3\theta)\\&=\cos^3\theta-3\cos\theta(1-\cos^2\theta)+i\left\{3(1-\sin^2\theta)\sin\theta-\sin^3\theta\right\}\\&=4\cos^3\theta-3\cos\theta+i(3\sin\theta-4\sin^3\theta)\end{aligned}$$

であるので，両辺の実部と虚部を等しく置けば式(1.1.20) が得られます．

式(1.1.19) を $\cos^2\theta$ と $\sin^2\theta$ について解けば

$$\cos^2\theta = \frac{1+\cos 2\theta}{2}, \quad \sin^2\theta = \frac{1-\cos 2\theta}{2}$$

となり，さらに θ のかわりに $\theta/2$ を代入すれば

Point

$$\cos^2\frac{\theta}{2} = \frac{1+\cos\theta}{2}, \quad \sin^2\frac{\theta}{2} = \frac{1-\cos\theta}{2} \tag{1.1.21}$$

となります．公式(1.1.21) を**半角の公式**とよんでいます．

1.2　三角関数の微分積分

三角関数の微分と積分についてはよく知られているように

$$\frac{d\sin x}{dx} = \cos x, \quad \frac{d\cos x}{dx} = -\sin x$$

$$\int \sin x dx = -\cos x, \quad \int \cos x dx = \sin x \tag{1.2.1}$$

となります（積分定数省略)．これらの公式も前述のオイラーの公式を用いて指数関数の微分積分に直すことによって導くことができます．すなわち

$$\frac{de^{ix}}{dx} = ie^{ix}, \quad \int e^{ix}dx = \frac{1}{i}e^{ix} = -ie^{ix}$$

が成り立つため，式(1.1.11) から

$$\frac{d\cos x}{dx} + i\frac{d\sin x}{dx} = ie^{ix} = i(\cos x + i\sin x) = -\sin x + i\cos x$$

$$\int \cos x dx + i\int \sin x dx = -ie^{ix} = -i(\cos x + i\sin x) = \sin x - i\cos x$$

となります．そこで，上式の実部と虚部を等置すれば式(1.2.1) が得られます．

上に述べたように， $\sin x, \cos x$ は周期 2π の関数です．同様に，a を実数としたとき， $\sin ax, \cos ax$ は周期 $2\pi/a$ の周期関数になります．なぜなら，

$$\sin ax = \sin(ax + 2n\pi) = \sin a(x + 2n\pi/a)$$

$$\cos ax = \cos(ax + 2n\pi) = \cos a(x + 2n\pi/a)$$

となるからです．たとえば，$\sin 2x, \cos 2x$ は周期が π であり，$\sin \pi x, \cos \pi x$ は周期が $2\pi/\pi = 2$ になります．

三角関数には，m と n を正の整数としたとき，以下の重要な性質があります（**直交関係**）．

Point

$$\int_{-l}^{l} \sin \frac{m\pi x}{l} \cos \frac{n\pi x}{l} dx = 0 \tag{1.2.2}$$

$$\int_{-l}^{l} \cos \frac{m\pi x}{l} \cos \frac{n\pi x}{l} dx = 0 \quad (m \neq n), \quad \int_{-l}^{l} \cos^2 \frac{m\pi x}{l} dx = l \tag{1.2.3}$$

$$\int_{-l}^{l} \sin \frac{m\pi x}{l} \sin \frac{n\pi x}{l} dx = 0 \quad (m \neq n), \quad \int_{-l}^{l} \sin^2 \frac{m\pi x}{l} dx = l \tag{1.2.4}$$

これらの各式は簡単に確かめられます．たとえば，式(1.2.2) については

$$\begin{aligned}
&\int_{-l}^{l} \sin \frac{m\pi x}{l} \cos \frac{n\pi x}{l} dx \\
&\quad = \frac{1}{2} \int_{-l}^{l} \left\{ \sin \frac{(m+n)\pi x}{l} + \sin \frac{(m-n)\pi x}{l} \right\} dx \\
&\quad = \left[-\frac{l}{2(m+n)\pi} \cos \frac{(m+n)\pi x}{l} - \frac{l}{2(m-n)\pi} \cos \frac{(m-n)\pi x}{l} \right]_{-l}^{l} \\
&\quad = 0
\end{aligned}$$

となります．ここで，第 2 式から第 3 式の変形では $m - n = 0$ を除く必要があります．しかし，$m - n = 0$ のときはもともと sin の項は 0 になり第 2 式の積分には現れないので上式のように変形しています．

次に式(1.2.3) についても，$m \neq n$ ならば

$$\begin{aligned}
&\int_{-l}^{l} \cos \frac{m\pi x}{l} \cos \frac{n\pi x}{l} dx \\
&\quad = \frac{1}{2} \int_{-l}^{l} \left\{ \cos \frac{(m+n)\pi x}{l} + \cos \frac{(m-n)\pi x}{l} \right\} dx \\
&\quad = \frac{1}{2} \left[-\frac{l}{(m+n)\pi} \sin \frac{(m+n)\pi x}{l} + \frac{l}{(m-n)\pi} \sin \frac{(m-n)\pi x}{l} \right]_{-l}^{l} \\
&\quad = 0
\end{aligned}$$

となります（$m=n$ のときは，分母が 0 になる項があるため，第 2 式から第 3 式は得られません）．$m=n$ のときは，式(1.2.3) は

$$\int_{-l}^{l}\cos\frac{m\pi x}{l}\cos\frac{n\pi x}{l}dx=\frac{1}{2}\int_{-l}^{l}\left(\cos\frac{2m\pi x}{l}+1\right)dx$$
$$=\frac{1}{2}\left[\frac{l}{2m\pi}\sin\frac{2m\pi x}{l}+x\right]_{-l}^{l}=l$$

となります．式(1.2.7) も同様の計算で確かめることができます．

特に式(1.2.5) ～ (1.2.7) において，$l=-\pi$，$l=\pi$ とおけば

$$\int_{-\pi}^{\pi}\sin mx\cos nxdx=0 \tag{1.2.5}$$

$$\int_{-\pi}^{\pi}\cos mx\cos nxdx=0\quad(m\neq n),\qquad \int_{-\pi}^{\pi}\cos^2 mxdx=\pi \tag{1.2.6}$$

$$\int_{-\pi}^{\pi}\sin mx\sin nxdx=0\quad(m\neq n),\qquad \int_{-\pi}^{\pi}\sin^2 mxdx=\pi \tag{1.2.7}$$

が成り立ちます．

■周期関数

関数 $f(x)$ すべての x に対して

$$f(x+T)=f(x) \tag{1.2.8}$$

という性質をもつ場合 $f(x)$ を周期 T の**周期関数**といいます．周期関数の代表は三角関数ですが，三角関数以外でも周期関数はいくらでも考えられます．たとえば，図 1.2.1（a）に示す関数は $y=3x^2/2$ の $-1\leqq x\leqq 1$ の部分をとりだして周期が 2 の関数をつくったものです．同様に図 1.2.1（b）は $y=x$ の $-\pi<x<\pi$ の部分からつくった周期 2π の周期関数です．図 1.2.1（a）の関数は連続ですが，図 1.2.1（b）の関数は $x=(2n-1)\pi$（n 整数）で**不連続**であり，そこでは値が定義されていません．後述のフーリエ級数ではこのような**不連続点**をもつ周期関数も取り扱いますが，不連続点における $f(x)$ の値は $f(x+0)$ と $f(x-0)$ の平均の値として定義すると便利です．このとき，図 1.2.1（b）の関数では $f((2n-1)\pi)=0$ と定義されます．

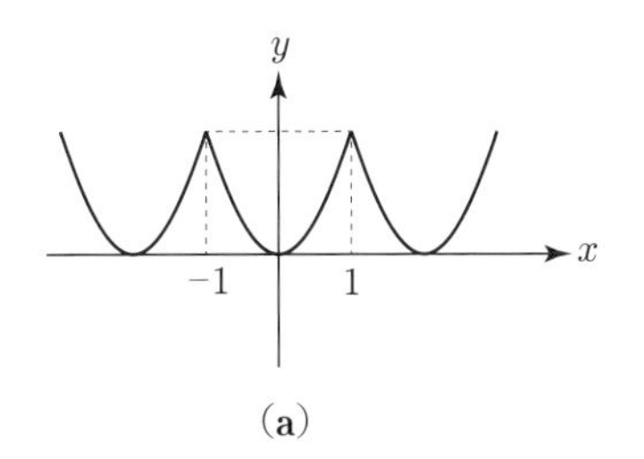

(**a**)

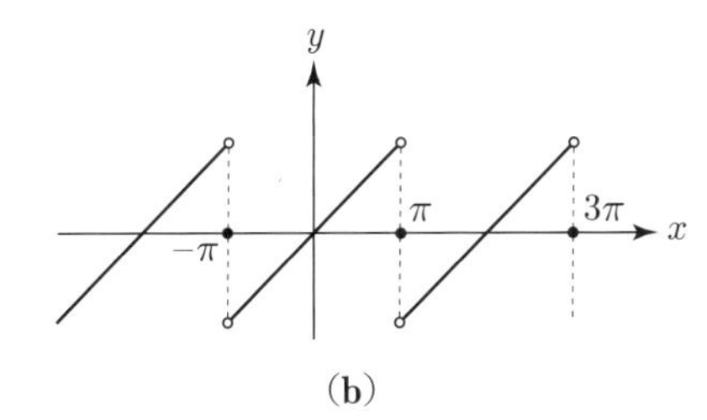

(**b**)

図 **1.2.1**

Problems　　Chapter 1

1. 次式を証明しなさい.

   (a) $\sin^3\theta + \cos^3\theta = (\sin\theta + \cos\theta)(1 - \sin\theta\cos\theta)$

   (b) $\dfrac{\cos^2\theta - \sin^2\theta}{1 + 2\sin\theta\cos\theta} = \dfrac{1 - \tan\theta}{1 + \tan\theta}$

2. 次式の値を求めなさい.

   (a) $\sin 15^\circ$

   (b) $\tan 75^\circ$

   (c) $\cos 22.5^\circ$

3. 次の方程式の解を求めなさい. ただし $0 \leqq x < 2\pi$ とします.

   (a) $\sin 2x = \cos x$

   (b) $\sin x + \sqrt{3}\cos x = 2$

4. $e^{ni\theta} = (e^{i\theta})^n$ を用いて次の公式を証明しなさい.

   (a) $\sin 4\theta = 4\sin\theta\cos\theta(\cos^2\theta - \sin^2\theta)$

   (b) $\cos 4\theta = 1 - 8\cos^2\theta + 8\cos^4\theta$

Chapter 2

フーリエ級数

2.1 三角関数の重ね合せ

本節では，三角関数を足し合わせるとどうなるかを考えます．まず正弦関数 sin の和

$$y = \sum_{n=1}^{N} b_n \sin nx \tag{2.1.1}$$

を例にとって調べます．これは周期が 2π の関数であることは容易に確かめられます．

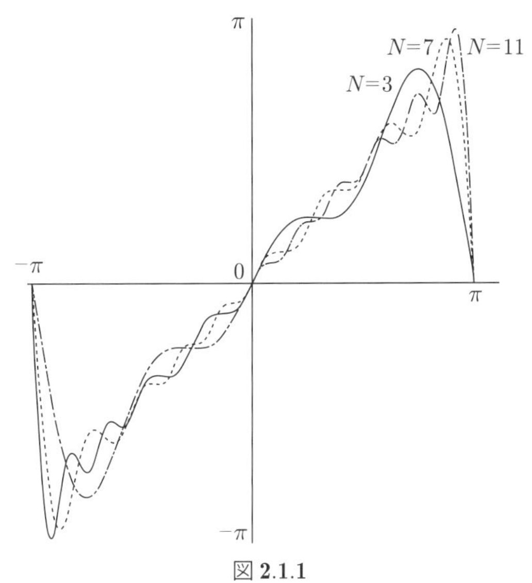

図 **2.1.1**

式(2.1.1) の例として

$$y = 2\sum_{n=1}^{N} \frac{(-1)^{n+1}}{n} \sin nx \tag{2.1.2}$$

をとりあげます．図 2.1.1 に $N=3$，7，11 の場合のグラフを示しています．図から N が大きくなるにつれて，図 1.2.1（b）に示す鋸の歯のような形の周期関数（の 1 周期分）に近づいていることがわかります．また，y の値が急に変化する場所で振動が大きくなることもわかります（このような現象はギブスの現象とよばれています）．いま，区間 $[-\pi, \pi]$ に着目すると，この鋸型の関数は

$$y = x \quad (-\pi < x < \pi)$$

を表しています．このことは区間を限れば $y = x$ という関数が三角関数の適当な和で表せることを意味しています．また，区間が無限である場合には，上の 1 次関数をもとにして，それを 2π の整数倍だけ，左や右に平行移動した関数，すなわち，$y = x$ を周期が 2π の関数になるように拡張した関数を表すことがわかります（図 1.2.1 参照）．

図 2.1.1 の関数はすべて原点に関して対称になっています．その理由は和の中の個々の正弦関数が原点に関して対称であるからです．

三角関数の周期は変数変換によって自由に変化させることができます．すなわち，式(2.1.2) の x を

$$x = \frac{2\pi}{b-a}\left(X - \frac{a+b}{2}\right)$$

とおくと，任意の有限区間 $[a, b]$ において 1 次関数が三角関数の和

$$y = 2\sum_{n=1}^{N} \frac{(-1)^{n+1}}{n} \sin \frac{2n\pi}{b-a}\left(X - \frac{a+b}{2}\right)$$

として表せます．特に $a=-l$，$b=l$ のとき X を x として上式は

$$y = 2\sum_{n=1}^{N} \frac{(-1)^{n+1}}{n} \sin \frac{n\pi x}{l}$$

となります．

次に，余弦関数 cos の和

$$y = \sum_{n=0}^{N} a_n \cos nx \tag{2.1.3}$$

を考えます．式(2.1.3）の例として

$$y = \frac{\pi}{2} + \sum_{n=1}^{N} \frac{(-1)^n - 1}{n^2} \cos nx \tag{2.1.4}$$

をとったとき，$N = 3$，7，11 の場合のグラフを図 2.1.2 に示します．図から N が大きくなるにつれて，関数 $y = |x|$ に近づくことがわかります．この関数は前の例と異なり，y 軸に関して対称な関数ですが，これは $\cos nx$ も y 軸に関して対称な関数であるためです．

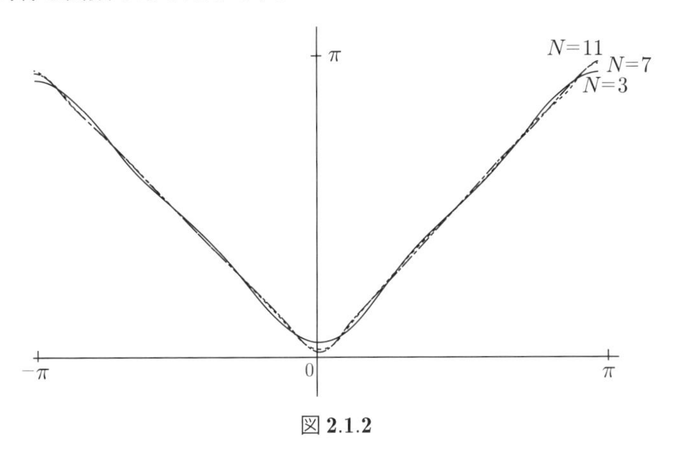

図 **2.1.2**

最後に sin と cos の両方を含んだ級数，すなわち式(2.1.1）と（2.1.3）の和

$$y = a_0 + \sum_{n=1}^{N} (a_n \cos nx + b_n \sin nx) \tag{2.1.5}$$

の例として

$$y = \frac{\pi}{4} + \frac{1}{2} \sum_{n=1}^{N} \left(\frac{(-1)^{n+1}}{n} \sin nx + \frac{(-1)^n - 1}{n^2} \cos nx \right) \tag{2.1.6}$$

を考えます．図 2.1.3 に $n = 3$，7，11 の場合のグラフを示していますが，これは y 軸や原点に関して対称になっていません．ただし，三角関数の周期性を反映して 2π の周期をもっています．実は，式(2.1.6）は式(2.1.2）と（2.1.4）の平均をとったものですが，このことは図 2.1.1，図 2.1.2，図 2.1.3 からも想像できます．

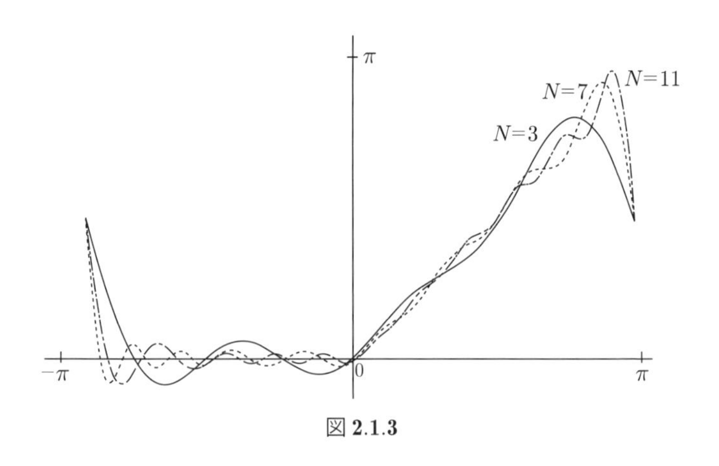

図 **2.1.3**

2.2　フーリエ展開その 1

前節の結果から，任意の周期 2π の関数は式(2.1.5) の形の三角関数の和で表せそうなこと（ただし不連続点がある場合には，その不連続点の近くで和は特異な振る舞いをすること）が予想できます．

本節では，まずはじめに任意の周期関数が与えられたとき，式(2.1.5) の形の級数でその関数が近似できると仮定した上で係数の決定法について調べてみます．

前節でも述べたように，ある関数を三角関数の和で表す場合，その関数が偶関数であれば和には余弦関数だけが含まれ，奇関数であれば和には正弦関数だけが現れます．さらに，偶関数でも奇関数でもない関数の場合には余弦関数と正弦関数の両方が現れます．このことは任意の関数 $f(x)$ は偶関数と奇関数の和で表せることからもわかります．すなわち，関数 $f(x)$ を

$$f(x) = \frac{f(x) + f(-x)}{2} + \frac{f(x) - f(-x)}{2}$$

と書けば，右辺第 1 項は偶関数，第 2 項は奇関数であることが確かめられます．

なぜなら，右辺第 1 項を $h(x)$，第 2 項を $g(x)$ と書けば，

$$h(-x) = \frac{f(-x) + f(x)}{2} = h(x)$$

$$g(-x) = \frac{f(-x) - f(x)}{2} = -\frac{f(x) - f(-x)}{2} = -g(x)$$

となるからです．したがって，任意の周期 2π の関数を三角関数の和で表すときには，一般に余弦関数 $\cos nx$ と正弦関数 $\sin nx$ の和になると考えられます．

そこで

$$f(x) \sim \frac{a_0}{2} + \sum_{n=1}^{\infty}(a_n \cos nx + b_n \sin nx) \tag{2.2.1}$$

と書くことにします（便宜的に定数項を $a_0/2$ と記しています）．ただし，右辺の級数が収束するかどうかは不明であるため，等号は使わず記号～を使っています．また，右辺の無限級数は収束して**項別積分**が可能であると仮定しています．このとき級数に現れる係数 a_0，a_n，$b_n(n = 1, 2, \cdots)$ は三角関数の性質（直交性）を利用して以下のように決めることができます．

まず式(2.2.1) の記号～を等号であると仮定して，両辺を区間 $[-\pi, \pi]$ で積分すると

$$\begin{aligned}\int_{-\pi}^{\pi} f(x)dx &= \frac{1}{2}\int_{-\pi}^{\pi} a_0 dx + \sum_{n=1}^{\infty} a_n \int_{-\pi}^{\pi} \cos nx dx + \sum_{n=1}^{\infty} b_n \int_{-\pi}^{\pi} \sin nx dx \\ &= \pi a_0 + 0 + 0\end{aligned}$$

となります．この式から直ちに

$$a_0 = \frac{1}{\pi}\int_{-\pi}^{\pi} f(x)dx \tag{2.2.2}$$

が得られます．次に式(2.2.1) の両辺に $\cos mx$ をかけて区間 $[-\pi, \pi]$ で積分すると

$$\begin{aligned}\int_{-\pi}^{\pi} f(x)\cos mx dx &= \frac{1}{2}\int_{-\pi}^{\pi} a_0 \cos mx dx \\ &\quad + \sum_{n=1}^{\infty} a_n \int_{-\pi}^{\pi} \cos nx \cos mx dx + \sum_{n=1}^{\infty} b_n \int_{-\pi}^{\pi} \sin nx \cos mx dx\end{aligned}$$

となります．このとき式(1.2.6)，(1.2.5) を考慮すれば，右辺のはじめの総和の中で $n = m$ 以外は 0 になり，$n = m$ のとき π になります．また 2 番目の総和の各項は 0 です．したがって

$$\int_{-\pi}^{\pi} f(x)\cos mx dx = a_m \int_{-\pi}^{\pi} \cos^2 mx dx = \pi a_m$$

より（m を n に書き換えて）

$$a_n = \frac{1}{\pi}\int_{-\pi}^{\pi} f(x)\cos nx dx \qquad (2.2.3)$$

が得られます．この式で $n = 0$ とすれば式(2.2.2）と一致するため，式(2.2.2）を含んでいるとみなせます．これが，式(2.2.1）の定数項を $a_0/2$ と記した理由になっています．

b_n を求めるためには，式(2.2.1）の両辺に $\sin\ mx$ をかけて区間 $[-\pi, \pi]$ で積分します．

$$\int_{-\pi}^{\pi} f(x)\sin mx dx = \frac{1}{2}\int_{-\pi}^{\pi} a_0 \sin mx dx$$
$$+ \sum_{n=1}^{\infty} a_n \int_{-\pi}^{\pi} \cos nx \sin mx dx + \sum_{n=1}^{\infty} b_n \int_{-\pi}^{\pi} \sin nx \sin mx dx$$

式(1.2.5)，(1.2.7）から，第 1 項およびはじめの総和の各項は 0 であり，2 番目の総和の中で $n = m$ 以外は 0 になり，$n = m$ のとき π になります．したがって

$$\int_{-\pi}^{\pi} f(x)\sin mx dx = b_m \int_{-\pi}^{\pi} \sin^2 mx dx = \pi b_m$$

より

$$b_n = \frac{1}{\pi}\int_{-\pi}^{\pi} f(x)\sin nx dx \qquad (2.2.4)$$

が得られます．

式(2.2.1)，(2.2.3)，(2.2.4）より

Point

$$f(x) \sim \frac{1}{2\pi}\int_{-\pi}^{\pi} f(\xi) d\xi + \frac{1}{\pi}\sum_{n=1}^{\infty}\left\{\left(\int_{-\pi}^{\pi} f(\xi)\cos n\xi d\xi\right)\cos nx + \left(\int_{-\pi}^{\pi} f(\xi)\sin n\xi d\xi\right)\sin nx\right\} \qquad (2.2.5)$$

と書けることがわかります．ただし，積分内の変数は何に選んでもよいため式(2.2.3)，(2.2.4) で変数 x を ξ と書きかえています．このように周期関数を三角関数の無限級数で表すことを関数を**フーリエ展開**するとよび，また無限級数を**フーリエ級数**とよびます．なお，上式の右辺を導くときには右辺の級数が収束し，また項別積分できると仮定して形式的な演算を行っています．これらの仮定は自明ではないため，上式では等号を用いていません．

ここでもし $f(x)$ が奇関数であれば，式(2.2.3) の被積分関数も奇関数になり，積分値は 0 になります．すなわち，式(2.2.1) において定数項と余弦関数の項は現れません．一方，$f(x)$ が偶関数の場合には，式(2.2.4) の被積分関数が奇関数になり，その積分値は 0 になります．したがって，正弦関数の項は現れません．

以下，具体的に代表的な奇関数と偶関数のフーリエ展開を求めてみます．

まず奇関数として $f(x) = x$ を区間 $[-\pi, \pi]$ でフーリエ展開します．$a_n = 0$ であるため b_n だけを計算します．公式(2.2.4) より

$$\begin{aligned} b_n &= \frac{1}{\pi}\int_{-\pi}^{\pi} x \sin nx dx = \frac{2}{\pi}\int_0^{\pi} x \sin nx dx \\ &= \frac{2}{\pi}\left[-\frac{x}{n}\cos nx\right]_0^{\pi} + \frac{2}{n\pi}\int_0^{\pi}\cos nx dx \\ &= \frac{2}{\pi}\left[-\frac{x}{n}\cos nx\right]_0^{\pi} + \frac{2}{n^2\pi}\left[\sin nx\right]_0^{\pi} \\ &= \frac{2}{\pi}\left(-\frac{\pi}{n}\cos n\pi\right) = -\frac{2}{n}(-1)^n = \frac{2}{n}(-1)^{n+1} \end{aligned}$$

となるため，次式が得られます．

$$x \sim 2\left(\sin x - \frac{\sin 2x}{2} + \frac{\sin 3x}{3} - \cdots\right) \tag{2.2.6}$$

次に偶関数の例として $f(x) = x^2$ を区間 $[-\pi, \pi]$ でフーリエ展開してみます．今度は $b_n = 0$ であり，a_n は公式(2.2.3) より

$$a_0 = \frac{1}{\pi}\int_{-\pi}^{\pi} x^2 dx = \frac{2}{\pi}\int_0^{\pi} x^2 dx = \frac{2}{\pi}\left[\frac{x^3}{3}\right]_0^{\pi} = \frac{2\pi^2}{3}$$

$$\begin{aligned}a_n &= \frac{1}{\pi}\int_{-\pi}^{\pi} x^2 \cos nx dx = \frac{2}{\pi}\int_0^{\pi} x^2 \cos nx dx \\ &= \frac{2}{\pi}\left[\frac{x^2}{n}\sin nx + \frac{2x}{n^2}\cos nx - \frac{2}{n^3}\sin nx\right]_0^{\pi} \\ &= \frac{2}{\pi}\frac{2\pi}{n^2}\cos n\pi = \frac{4}{n^2}(-1)^n\end{aligned}$$

となります．したがって次式が得られます．

$$x^2 \sim \frac{\pi^2}{3} - 4\left(\cos x - \frac{1}{4}\cos 2x + \frac{1}{9}\cos 3x - \cdots\right) \tag{2.2.7}$$

奇関数でも偶関数でもないときは a_n と b_n の両方を計算する必要があります．例として $f(x) = e^x$ を区間 $[-\pi, \pi]$ でフーリエ展開することにします．この場合は式(2.2.2) より

$$a_0 = \frac{1}{\pi}\int_{-\pi}^{\pi} e^x dx = \frac{1}{\pi}\left[e^x\right]_{-\pi}^{\pi} = \frac{1}{\pi}(e^{\pi} - e^{-\pi}) = \frac{2\sinh\pi}{\pi}$$

また，任意定数を省略すれば

$$\begin{aligned}&\int e^x \cos nx dx + i\int e^x \sin nx dx = \int e^x e^{inx} dx = \int e^{(1+in)x} dx \\ &= \frac{e^{(1+in)x}}{1+in} = \frac{1-in}{1+n^2}e^x(\cos nx + i\sin nx) \\ &= \frac{e^x}{1+n^2}(\cos nx + n\sin nx) + \frac{ie^x}{1+n^2}(\sin nx - n\cos nx)\end{aligned}$$

であるため，式(2.2.3) より

$$\begin{aligned}a_n &= \frac{1}{\pi}\int_{-\pi}^{\pi} e^x \cos nx dx = \frac{1}{(1+n^2)\pi}\Big[e^x(\cos nx + n\sin nx)\Big]_{-\pi}^{\pi} \\ &= \frac{(-1)^n e^{\pi} - (-1)^n e^{-\pi}}{(1+n^2)\pi} = \frac{2(-1)^n}{(1+n^2)\pi}\sinh\pi\end{aligned}$$

となります．さらに，式(2.2.4) より

$$\begin{aligned}b_n &= \frac{1}{\pi}\int_{-\pi}^{\pi} e^x \sin nx dx = \frac{1}{(1+n^2)\pi}\Big[e^x(\sin nx - n\cos nx)\Big]_{-\pi}^{\pi} \\ &= \frac{-(-1)^n ne^{\pi} + (-1)^n ne^{-\pi}}{(1+n^2)\pi} = \frac{-2n(-1)^n}{(1+n^2)\pi}\sinh\pi\end{aligned}$$

したがって，次式が得られます．

$$e^x \sim \frac{2\sinh\pi}{\pi}\left(\frac{1}{2}+\frac{1}{2}\sin x-\frac{1}{2}\cos x-\frac{2}{5}\sin 2x+\frac{1}{5}\cos 2x\right.$$
$$\left.+\frac{3}{10}\sin 3x-\frac{1}{10}\cos 3x-\frac{4}{17}\sin 4x+\frac{1}{17}\cos 4x+\cdots\right) \tag{2.2.8}$$

2.3 フーリエ展開その 2

式(2.2.1) は区間 $[-\pi, \pi]$ において周期 2π の関数 $f(x)$ を $\sin nx$ と $\cos nx$ の和で表現した式です．いま，式(2.2.1) において $x = \pi X/l$ とおき，

$$g(X) = f\left(\frac{\pi X}{l}\right)$$

と記すことにすれば，$g(X)$ は区間 $[-l, l]$ において周期 $2l$ の関数になります．そして，式(2.2.1) は

$$g(X) \sim \frac{a_0}{2} + \sum_{n=1}^{\infty}\left(a_n \cos\frac{n\pi X}{l} + b_n \sin\frac{n\pi X}{l}\right)$$

になり，式(2.2.3)，(2.2.4) は

$$a_n = \frac{1}{\pi}\int_{-l}^{l} f\left(\frac{\pi X}{l}\right)\cos\left(\frac{n\pi X}{l}\right)\frac{\pi}{l}dX = \frac{1}{l}\int_{-l}^{l} g(X)\cos\frac{n\pi X}{l}dX$$
$$b_n = \frac{1}{\pi}\int_{-l}^{l} f\left(\frac{\pi X}{l}\right)\sin\left(\frac{n\pi X}{l}\right)\frac{\pi}{l}dX = \frac{1}{l}\int_{-l}^{l} g(X)\sin\frac{n\pi X}{l}dX$$

となります．これらの式で $g(X)$ をあらためて $f(x)$ とみなせば，区間 $[-l, l]$ において周期 $2l$ の関数 $f(x)$ は次のように書けることがわかります．

Point

$$f(x) \sim \frac{a_0}{2} + \sum_{n=1}^{\infty}\left(a_n \cos\frac{n\pi x}{l} + b_n \sin\frac{n\pi x}{l}\right) \tag{2.3.1}$$

ただし

$$a_n = \frac{1}{l}\int_{-l}^{l} f(x)\cos\frac{n\pi x}{l}dx \tag{2.3.2}$$

$$b_n = \frac{1}{l}\int_{-l}^{l} f(x)\sin\frac{n\pi x}{l}dx \tag{2.3.3}$$

式(2.3.1)，(2.3.2)，(2.3.3) は $l=\pi$ のとき式(2.2.1)，(2.2.3)，(2.2.4) と一致するため，それらを特殊な場合として含んでいる式とみなせます．

具体例として関数 $f(x)=1-|x|$ を区間 $[-1,1]$ でフーリエ展開してみます．

まず，$f(x)$ は偶関数であるため $b_n=0$，また

$$a_0 = 2\int_0^1 (1-x)dx = 2\left[x-\frac{x^2}{2}\right]_0^1 = 1$$

$$\begin{aligned} a_n &= \int_{-1}^1 (1-|x|)\cos n\pi x dx = 2\int_0^1 (1-x)\cos n\pi x dx \\ &= 2\left[\frac{1}{n\pi}(1-x)\sin n\pi x\right]_0^1 + \frac{2}{n\pi}\int_0^1 \sin n\pi x dx \\ &= \frac{2}{n^2\pi^2}(-\cos n\pi + 1) = \frac{2}{n^2\pi^2}\{1-(-1)^n\} \end{aligned}$$

したがって

$$1-|x| \sim \frac{1}{2} + \frac{4}{\pi^2}\left(\cos\pi x + \frac{1}{3^2}\cos 3\pi x + \frac{1}{5^2}\cos 5\pi x + \cdots\right)$$

となります．

次に式(2.2.1) を複素数の指数関数を用いて変形してみます．いま，

$$a_n = c_n + c_{-n},\quad b_n = i(c_n - c_{-n}) \tag{2.3.4}$$

とおけば

$$\begin{aligned} a_n\cos nx + b_n\sin nx &= (c_n + c_{-n})\cos nx + i(c_n - c_{-n})\sin nx \\ &= c_n(\cos nx + i\sin nx) + c_{-n}(\cos nx - i\sin nx) \\ &= c_n e^{inx} + c_{-n}e^{-inx} \end{aligned}$$

となります．また，式(2.3.4) から $a_0=2c_0$ であるため，フーリエ級数は

$$f(x) \sim c_0 + \sum_{n=1}^{\infty} c_n e^{inx} + \sum_{m=1}^{\infty} c_{-m}e^{-imx}$$

と書き換えられます．ここで右辺の第 1 項を第 2 項に含め，第 3 項の $(-m)$ を n と書くことにすれば

$$f(x) \sim \sum_{n=0}^{\infty} c_n e^{inx} + \sum_{n=-1}^{-\infty} c_n e^{inx} = \sum_{n=-\infty}^{\infty} c_n e^{inx} \tag{2.3.5}$$

となります．これを**複素形式のフーリエ級数**といいます．展開係数は式(2.3.4)

から

$$c_0 = \frac{a_0}{2}, \quad c_n = \frac{1}{2}(a_n - ib_n), \quad c_{-n} = \frac{1}{2}(a_n + ib_n)$$

となるため，

$$c_0 = \frac{1}{2\pi}\int_{-\pi}^{\pi} f(x)dx \tag{2.3.6}$$

$$\begin{aligned} c_n &= \frac{1}{2\pi}\int_{-\pi}^{\pi} f(x)(\cos nx - i\sin nx)dx \\ &= \frac{1}{2\pi}\int_{-\pi}^{\pi} f(x)e^{-inx}dx \quad (n = 1, 2, 3, \cdots) \end{aligned} \tag{2.3.7}$$

です．また c_{-n} は c_n の共役複素数であるため

$$c_{-n} = \overline{c_n} = \frac{1}{2\pi}\int_{-\pi}^{\pi} f(x)e^{inx}dx \quad (n = 1, 2, 3, \cdots) \tag{2.3.8}$$

となります．式(2.3.7) で $n = 0$ とすれば式(2.3.6) になり，n のかわりに $-n$ とすれば式(2.3.8) となるため，n が整数のとき

$$c_n = \frac{1}{2\pi}\int_{-\pi}^{\pi} f(x)e^{-inx}dx \quad (n = 0, \pm1, \pm2, \pm3, \cdots) \tag{2.3.9}$$

という形にまとめられます．

区間が $[-l, l]$ の場合の複素形式のフーリエ級数は，式(2.3.1)，(2.3.2)，(2.3.3) を用いて上と同じ議論を行うか，または，式(2.3.5)，(2.3.9) をもとに $x = \pi X/l$ という変数変換を行うことにより次のようになります．

Point

$$f(x) \sim \sum_{n=-\infty}^{\infty} c_n e^{in\pi x/l} \tag{2.3.10}$$

ただし

$$c_n = \frac{1}{2l}\int_{-l}^{l} f(x)e^{-in\pi x/l}dx \quad (n：整数) \tag{2.3.11}$$

例として関数 $f(x) = e^x$ を区間 $[-1, 1]$ において複素数のフーリエ級数で表してみます．

式(2.3.11) より

$$c_n = \frac{1}{2}\int_{-1}^{1} e^x e^{-in\pi x} dx = \frac{1}{2}\int_{-1}^{1} e^{(1-in\pi)x} dx = \frac{1}{2}\frac{1}{1-in\pi}\left[e^{(1-in\pi)x}\right]_{-1}^{1}$$

$$= \frac{1}{2}\frac{1}{1-in\pi}\left(ee^{-in\pi} - e^{-1}e^{in\pi}\right) = \frac{1+in\pi}{1+n^2\pi^2}(-1)^n \sinh 1$$

したがって，式(2.3.10) より

$$e^x \sim \sum_{n=-\infty}^{\infty} \frac{1+in\pi}{1+n^2\pi^2}(-1)^n (\sinh 1) e^{in\pi x}$$

となります．

2.4　フーリエ級数の収束性

式(2.2.3)，(2.2.4) で与えられる係数 a_n，b_n は $f(x)$ が積分可能であれば計算することができます．そこで，$f(x)$ が積分可能であることを仮定して係数 a_n，b_n を計算すれば，形式的に級数をつくることができます．しかし，実際に右辺が収束するかどうか，また収束した場合にそれが $f(x)$ と等しくなるかどうかについて確かめる必要があります．

実は，このことは無条件に成り立つわけではなく，$f(x)$ に対してある制限をつける必要があります．具体的にどのような制限なのかを述べるために，「**区分的に連続**」という用語と「**区分的に滑らか**」という用語を導入します．

まず関数 $f(x)$ が区間 $[a,b]$ において区分的に連続であるとは，区間 $[a,b]$ が有限個の小区間 $[a_i,b_i]$ に分けられて，各小区間で $f(x)$ が連続であり，各区間の端で極限値 $f(a_i+0)$，$f(b_i-0)$ をもつことをいいます（図 2.4.1)．また関数 $f(x)$ が区間 $[a,b]$ で区分的に滑らかであるとは，関数 $f'(x)$ が区間 $[a,b]$ で区分的に連続であることをいいます．区分的に滑らかな関数の導関数は区分的に連続な関数ですが，区分的に滑らかであるとは限りません．

これらの用語を用いれば，**フーリエ級数の収束条件**は次のようになることが知られています（証明略)．

Point

$f(x)$ が周期 2π の関数で，区間 $[-\pi, \pi]$ で区分的に滑らかであるとする．このときフーリエ級数は収束して

$$\frac{1}{2}\{f(x-0)+f(x+0)\} = \frac{a_0}{2} + \sum_{n=1}^{\infty}(a_n \cos nx + b_n \sin nx) \tag{2.4.1}$$

が成り立つ．

関数 $f(x)$ が点 x で連続であれば，式(2.4.1) の左辺はもちろん $f(x)$ を表しますが，もし不連続であれば左極限と右極限の平均になることを意味しています．

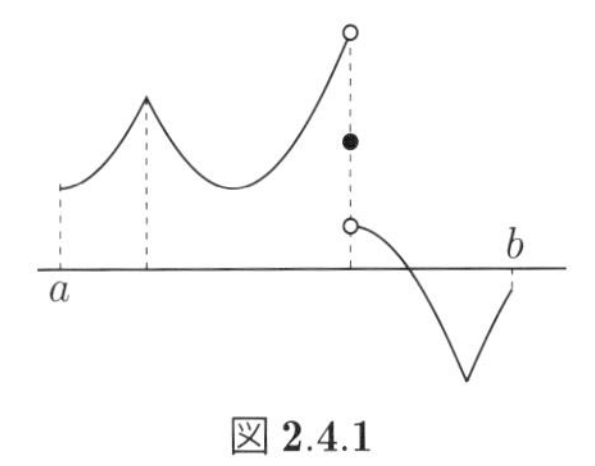

図 **2.4.1**

次にフーリエ級数の微分と積分について調べてみます．はじめに積分について考えます．$f(x)$ が区間 $[-\pi, \pi]$ で区分的に連続であるとします．このとき，

$$F(x) = \int_{-\pi}^{x} f(\xi)d\xi$$

は連続になります．また，この関数は $f(x)$ が不連続な点以外では微分できて

$$F'(x) = f(x)$$

となります．$f(x)$ $(= F'(x))$ が区分的に連続であるため，$F(x)$ は区分的に滑らかになります．したがって，$F(x)$ はフーリエ級数に展開できます．このように $f(x)$ が区分的に連続という条件であっても，それを積分した関数はフーリエ展開できます．なお，関数 $f(x)$ がフーリエ展開されていれば，項別積分して得られるフーリエ級数は $f(x)$ の積分のフーリエ展開と一致することが知られています．すなわち，フーリエ級数は項別積分できます．

たとえば，区間$[-\pi, \pi]$における$f(x)=x$のフーリエ展開（式(2.2.6)）を項別積分すれば，同じ区間におけるx^2のフーリエ展開を求めることができます．実際に積分を実行すれば

$$x^2 = 2\int x dx = \frac{a_0}{2} - 4\left(\cos x - \frac{\cos 2x}{2^2} + \frac{\cos 3x}{3^2} - \cdots\right)$$

となります．a_0の値は公式を用いて

$$a_0 = \frac{1}{\pi}\int_{-\pi}^{\pi} x^2 dx = \frac{2\pi^2}{3}$$

です．したがって，

$$x^2 = \frac{\pi^2}{3} - 4\left(\cos x - \frac{\cos 2x}{2^2} + \frac{\cos 3x}{3^2} - \cdots\right)$$

が成り立ちます．

もとの関数（x^2）は$x=0$で連続であるため，この展開式に$x=0$を代入することができて，

$$0 = \frac{\pi^2}{3} - 4\left(1 - \frac{1}{2^2} + \frac{1}{3^2} - \cdots\right)$$

となります．したがって，

$$\sum_{n=1}^{\infty}\frac{(-1)^{n+1}}{n^2} = \frac{\pi^2}{12}$$

という公式が得られます．

一方，フーリエ級数は制限をつけなければ**項別微分**ができません．このことは以下の例からもわかります．いま，区間$[-\pi, \pi]$における$f(x)=x$のフーリエ展開（2.2.6）の両辺を形式的に微分すると

$$1 \sim 2(\cos x - \cos 2x + \cos 3x - \cdots)$$

となります．しかし，この式の右辺に$x=\pi$を代入すれば右辺は

$$2(-1-1-1-\cdots)$$

となり発散します．

$f(x)$がフーリエ展開できるためには$f(x)$が区分的に滑らかである必要があったように，$f'(x)$がフーリエ展開されるためには$f'(x)$も区分的に滑らかである必要があります．この条件のもとで

$$f'(x) = \frac{c_0}{2} + \sum_{n=1}^{\infty}(c_n \cos nx + d_n \sin nx)$$

と展開されたとします．このとき展開係数は

$$c_0 = \frac{1}{\pi}\int_{-\pi}^{\pi} f'(x)dx = \frac{1}{\pi}\{f(\pi) - f(-\pi)\}$$

$$c_n = \frac{1}{\pi}\int_{-\pi}^{\pi} f'(x)\cos nxdx = \frac{1}{\pi}[f(x)\cos nx]_{-\pi}^{\pi} + \frac{n}{\pi}\int_{-\pi}^{\pi} f(x)\sin nxdx$$

$$= \frac{(-1)^n}{\pi}\{f(\pi) - f(-\pi)\} + \frac{n}{\pi}\int_{-\pi}^{\pi} f(x)\sin nxdx$$

$$d_n = \frac{1}{\pi}\int_{-\pi}^{\pi} f'(x)\sin nxdx = \frac{1}{\pi}[f(x)\sin nx]_{-\pi}^{\pi} - \frac{n}{\pi}\int_{-\pi}^{\pi} f(x)\cos nxdx$$

$$= -\frac{n}{\pi}\int_{-\pi}^{\pi} f(x)\cos nxdx$$

となります．一方，$f(x)$ のフーリエ展開は

$$f(x) = \frac{a_0}{2} + \sum_{n=1}^{\infty}(a_n \cos nx + b_n \sin nx)$$

ただし，

$$a_n = \frac{1}{\pi}\int_{-\pi}^{\pi} f(x)\cos nxdx, \quad b_n = \frac{1}{\pi}\int_{-\pi}^{\pi} f(x)\sin nxdx$$

で与えられます. この展開式の右辺を項別に微分すれば定数項はなくなります.
したがって，上の c_0 も 0 になるはずですが，それには $f(\pi) = f(-\pi)$ が必要です.

このとき，c_n の式の最右辺の第 1 項目も消えて，$c_n = nb_n$ となります．一方，d_n の式から $d_n = -na_n$ であることがわかります．これらの関係を $f'(x)$ の展開式に代入すれば，

$$f'(x) = \sum_{n=1}^{\infty}(-na_n \sin nx + nb_n \cos nx) \quad (-\pi \leqq x \leqq \pi)$$

となりますがこの式は $f(x)$ の展開式を項別に微分したものになっています.

以上のことをまとめれば以下の結論が得られます．

Point

関数 $f(x)$ $(-\pi \leqq x \leqq \pi)$ が連続で $f(\pi)=f(-\pi)$ を満足し，$f'(x)$ が区分的に滑らかであれば，$f(x)$ のフーリエ展開は項別に微分できて，$f'(x)$ のフーリエ展開に一致する

前述の x のフーリエ級数が項別微分できなかったのは $x=\pi$ で不連続であり，上の条件を満足しなかったためです．

2.5　ベッセルの不等式とパーセバルの等式

ある関数がフーリエ展開されて三角関数の無限級数で表されているとします．この展開式を数値計算で用いる場合など近似式として使うときには，有限項で打ち切ります．このようなとき，この有限項の級数はもとの関数のどの程度の近似になっているのかを調べることが重要になります．次にこの点について考えてみます．

$$\varphi_N(x)=\frac{\alpha_0}{2}+\sum_{n=1}^{N}(\alpha_n\cos nx+\beta_n\sin nx) \tag{2.5.1}$$

とおいて，この関数によって $f(x)$ を近似すると考えます．ここで右辺の係数はフーリエ展開の係数とは異なるものとし別の文字 α_n，β_n で表しています．$f(x)-\varphi_N(x)$ は誤差を表しますが，これは正にも負にもなるため，その 2 乗である **2 乗誤差**を調べます．直接計算すると

$$\begin{aligned}
e(x)=&\{f(x)-\varphi_N(x)\}^2\\
=&(f(x))^2-\alpha_0 f(x)-2f(x)\sum_{n=1}^{N}(\alpha_n\cos nx+\beta_n\sin nx)\\
&+\frac{\alpha_0^2}{4}+\sum_{n=1}^{N}(\alpha_n^2\cos^2 nx+\beta_n^2\sin^2 nx)+A
\end{aligned}$$

となります．ただし，A は $\cos kx\cos mx$，$\cos kx\sin mx$，$\sin kx\sin mx$ の形（k，m：正の整数で $m\neq k$）をした項の 1 次結合で表される式です．この 2 乗誤差は x の関数であるため，場所によって大小があります．全体での誤差

の大小はこれを区間$[-\pi, \pi]$で積分したもの（**平均2乗誤差**）で評価できます．そこで，上式を区間$[-\pi, \pi]$で積分すると，Aの積分が0になることと，式(1.2.5)～(1.2.7)を用いれば

$$
\begin{aligned}
E =& \frac{1}{2\pi}\int_{-\pi}^{\pi} e(x)dx \\
=& \frac{1}{2\pi}\int_{-\pi}^{\pi}\bigl(f(x)\bigr)^2 dx - \frac{a_0\alpha_0}{2} - \sum_{n=1}^{N}(\alpha_n a_n + \beta_n b_n) + \frac{\alpha_0^2}{4} + \frac{1}{2}\sum_{n=1}^{N}(\alpha_n^2 + \beta_n^2) \\
=& \frac{1}{2\pi}\int_{-\pi}^{\pi}\bigl(f(x)\bigr)^2 dx - \frac{a_0^2}{4} - \frac{1}{2}\sum_{n=1}^{N}(a_n^2 + b_n^2) + \frac{(\alpha_0 - a_0)^2}{4} \\
& + \frac{1}{2}\sum_{n=1}^{N}\left\{(\alpha_n - a_n)^2 + (\beta_n - b_n)^2\right\}
\end{aligned}
\tag{2.5.2}
$$

となります．この式は$\alpha_n = a_n$，$\beta_n = b_n$のとき最小になります．このことは，ある関数を三角関数の有限項の和で近似した場合，その係数としてフーリエ展開で決まる係数と等しくとった場合に平均2乗誤差が最小になることを意味しています．

式(2.5.2)のEは関数の2乗の積分であるため，負にはなりません．したがって式(2.5.2)で$\alpha_n = a_n$，$\beta_n = b_n$とした式から，

$$
\frac{a_0^2}{2} + \sum_{n=1}^{N}(a_n^2 + b_n^2) \leqq \frac{1}{\pi}\int_{-\pi}^{\pi}\bigl(f(x)\bigr)^2 dx \tag{2.5.3}
$$

となりますが，右辺はどのようなNに対しても成り立つため

$$
\frac{a_0^2}{2} + \sum_{n=1}^{\infty}(a_n^2 + b_n^2) \leqq \frac{1}{\pi}\int_{-\pi}^{\pi}\bigl(f(x)\bigr)^2 dx \tag{2.5.4}
$$

が得られます．これを**ベッセルの不等式**といいます．式(2.5.3)においてNが増えるほど左辺は大きくなるため，Nを大きくすればするほど誤差が小さくなります．実際には，$N \to \infty$のとき，誤差が0，すなわち

$$
\frac{a_0^2}{2} + \sum_{n=1}^{\infty}(a_n^2 + b_n^2) = \frac{1}{\pi}\int_{-\pi}^{\pi}\bigl(f(x)\bigr)^2 dx \tag{2.5.5}
$$

が成り立つことが知られています．これを**パーセバルの等式**といいます．

パーセバルの等式を用いると特殊な級数の和が計算できます．例を以下に示します．

まず，区間 $[0, \pi]$ で定義された関数 $f(x) = x(\pi - x)$ を区間 $[-\pi, \pi]$ に偶関数として拡張して，フーリエ展開してみます．このとき $f(x)$ は偶関数なので $b_n = 0$，また

$$a_0 = \frac{2}{\pi}\int_0^\pi x(\pi - x)dx = \frac{\pi^2}{3}$$

$$\begin{aligned} a_n &= \frac{2}{\pi}\int_0^\pi x(\pi - x)\cos nx dx \\ &= \frac{2}{\pi}\left(\left[\frac{x(\pi - x)}{n}\sin nx\right]_0^\pi + \left[\frac{\pi - 2x}{n^2}\cos nx\right]_0^\pi + \left[\frac{2\sin nx}{n^3}\right]_0^\pi\right) \\ &= -\frac{4}{n^2}\frac{1 + (-1)^n}{2} \end{aligned}$$

したがって，

$$x(\pi - x) = \frac{\pi^2}{6} - \left(\frac{\cos 2x}{1^2} + \frac{\cos 4x}{2^2} + \frac{\cos 6x}{3^2} + \cdots\right)$$

となります．そこでこの結果とパーセバルの等式(2.5.5) より

$$\frac{1}{2}\frac{\pi^4}{3^2} + \frac{1}{1^4} + \frac{1}{2^4} + \frac{1}{3^4} + \cdots = \frac{2}{\pi}\int_0^\pi x^2(\pi - x)^2 dx = \frac{\pi^4}{15}$$

であるため[*1]

$$\sum_{n=1}^{\infty}\frac{1}{n^4} = \frac{\pi^4}{90} \tag{2.5.6}$$

という結果が得られます．

＊1　$f(x) = x(\pi - x)$ を偶関数として拡張した関数を使う必要があるため，右辺に対して

$$\frac{1}{\pi}\int_{-\pi}^{\pi} x^2(\pi - x)^2 dx = \frac{16}{15}\pi^4$$

という計算をするのは誤りです．

Problems　　　　Chapter 2

1. 関数
$$f(x)=\begin{cases}1 & (0\leqq x<\pi)\\ -1 & (-\pi\leqq x<0)\end{cases}$$
をフーリエ級数に展開しなさい．また，その結果を利用して級数
$$\sum_{n=1}^{\infty}\frac{(-1)^{n-1}}{2n-1}=1-\frac{1}{3}+\frac{1}{5}-\frac{1}{7}+\cdots$$
の値を求めなさい．

2. 関数 $f(x)=\sinh ax$ $(-\pi\leqq x\leqq\pi\,;\,a>0)$ をフーリエ級数に展開しなさい．また，その結果を利用して級数
$$\sum_{m=0}^{\infty}\frac{(-1)^m(2m+1)}{(2m+1)^2+1}=\frac{1}{1^2+1}-\frac{3}{3^2+1}+\frac{5}{5^2+1}-\frac{7}{7^2+1}+\cdots$$
の値を求めなさい．

3. 関数 $f(x)=\cos ax$（$a\neq$整数）を $[-\pi,\pi]$ でフーリエ級数に展開しなさい．また，その結果を用いて
$$\pi\cot\pi a=\frac{1}{a}+\sum_{n=1}^{\infty}\frac{2a}{a^2-n^2}$$
を証明しなさい．

4. 関数
$$\frac{1}{1-2a\cos x+a^2}\quad(|a|<1)$$
のフーリエ級数展開を以下の順に求めなさい．

(a) $\cos x=(e^{ix}+e^{-ix})/2$ を利用して
$$\frac{1}{1-2a\cos x+a^2}=\frac{1}{1-a^2}\left(\frac{1}{1-ae^{ix}}+\frac{ae^{-ix}}{1-ae^{-ix}}\right)$$
であることを示しなさい．

(b) 無限級数展開 $1/(1-t)=1+t+t^2+(|t|<1)$ を利用して，問題の関数を cos の無限級数で表しなさい．

5. 関数 $f(x)$ の区間 $[-l, l]$ における指数関数によるフーリエ展開が

$$f(x) \sim \sum_{n=-\infty}^{\infty} c_n e^{in\pi x/l}$$

であるとします．このとき，以下の関係が成り立つことを示しなさい．

(a) $a > 0$ のとき，

$$f(ax) \sim \sum_{n=-\infty}^{\infty} c_n e^{in\pi ax/l}$$

(b) $f(x+b) \sim \displaystyle\sum_{n=-\infty}^{\infty} (c_n e^{in\pi b/l}) e^{in\pi x/l}$

Chapter 3

フーリエ変換

3.1　フーリエの積分定理

区間$[-l, l]$における関数$f(x)$の複素形式のフーリエ展開は式(2.3.10), (2.3.11) から

$$f(x) = \sum_{n=-\infty}^{\infty} c_n e^{in\pi x/l} \tag{3.1.1}$$

$$c_n = \frac{1}{2l}\int_{-l}^{l} f(\xi)e^{-in\pi\xi/l}d\xi \tag{3.1.2}$$

です（ただし，式(2.3.11) の積分変数xをξとしています）．この展開は周期$2l$の関数に使えますが，$l\to\infty$とすれば周期性のない関数にも使えます．そこで，lを大きくしたときにフーリエ展開がどのようになるかを考えてみます．

式(3.1.2) を式(3.1.1) に代入すると

$$f(x) = \sum_{n=-\infty}^{\infty} \frac{1}{2l}\int_{-l}^{l} f(\xi)e^{in\pi(x-\xi)/l}d\xi$$

となります．この式で

$$\lambda_n = n\pi/l, \quad \Delta\lambda = \lambda_{n+1} - \lambda_n = \pi/l$$

とおけば

$$f(x) = \sum_{n=-\infty}^{\infty} \frac{\Delta\lambda}{2\pi}\int_{-l}^{l} f(\xi)e^{i\lambda_n(x-\xi)}d\xi \tag{3.1.3}$$

となり，さらに

$$F(\lambda_n) = \int_{-l}^{l} f(\xi)e^{i\lambda_n(x-\xi)}d\xi$$

とおけば，

$$f(x) = \frac{1}{2\pi} \sum_{n=-\infty}^{\infty} F(\lambda_n)\Delta\lambda$$

となります．ここで $l \to \infty$ すれば $\Delta\lambda \to 0$ であるため

$$\sum_{n=-\infty}^{\infty} F(\lambda_n)\Delta\lambda \to \int_{-\infty}^{\infty} F(\lambda)d\lambda$$

となります．ただし，

$$F(\lambda) = \int_{-\infty}^{\infty} f(\xi)e^{i\lambda(x-\xi)}d\xi \tag{3.1.4}$$

です．したがって，式(3.1.3) は

$$f(x) = \frac{1}{2\pi} \int_{-\infty}^{\infty} F(\lambda)d\lambda$$

と書けますが，式(3.1.4) をこの式に代入すれば重要な関係式

$$\begin{aligned} f(x) &= \frac{1}{2\pi} \int_{-\infty}^{\infty} \int_{-\infty}^{\infty} f(\xi)e^{i\lambda(x-\xi)}d\xi d\lambda \\ &= \frac{1}{2\pi} \int_{-\infty}^{\infty} e^{i\lambda x}d\lambda \int_{-\infty}^{\infty} f(\xi)e^{-i\lambda\xi}d\xi \end{aligned} \tag{3.1.5}$$

が得られます．なお，この式の導出にはフーリエ級数がもとになっているため，関数 $f(x)$ は区分的に滑らかであり，かつ**絶対可積分**

$$\int_{-\infty}^{\infty} |f(x)|dx < \infty$$

である必要があります．さらに，点 x において $f(x)$ が不連続であれば，左辺は $\{f(x+0) + f(x-0)\}/2$ を表します．以上をまとめると次の定理が得られます．

Point

フーリエの積分定理：関数 $f(x)$ が区分的に滑らかでかつ絶対可積分ならば

$$\frac{f(x+0) + f(x-0)}{2} = \frac{1}{2\pi} \int_{-\infty}^{\infty} e^{i\lambda x}d\lambda \int_{-\infty}^{\infty} f(\xi)e^{-i\lambda\xi}d\xi \tag{3.1.6}$$

（ただし，$f(x)$ が連続の点では左辺は $f(x)$ を表す）

式(3.1.5) において，

$$e^{i\lambda(x-\xi)} = \cos\lambda(x-\xi) + i\sin\lambda(x-\xi)$$

を代入すると，実数部と虚数部はそれぞれ

$$\frac{1}{2\pi}\int_{-\infty}^{\infty}\left(\int_{-\infty}^{\infty} f(\xi)\cos\lambda(x-\xi)d\xi\right)d\lambda$$
$$\frac{1}{2\pi}\int_{-\infty}^{\infty}\left(\int_{-\infty}^{\infty} f(\xi)\sin\lambda(x-\xi)d\xi\right)d\lambda$$

となりますが，2 番目の式の括弧内の積分は λ の奇関数であるため，λ で積分すると 0 になります．さらに 1 番目の式の括弧内の積分は，λ の偶関数であることを考慮すれば次式となります．

$$f(x) = \frac{1}{\pi}\int_{0}^{\infty}\left(\int_{-\infty}^{\infty} f(\xi)\cos\lambda(x-\xi)d\xi\right)d\lambda \tag{3.1.7}$$

ここで，式(3.1.7) の $\cos\lambda(x-\xi)$ を加法定理で展開すれば，式(3.1.7) は

Point

$$f(x) = \int_{0}^{\infty}(a_\lambda\cos\lambda x + b_\lambda\sin\lambda x)d\lambda \tag{3.1.8}$$

ただし，

$$a_\lambda = \frac{1}{\pi}\int_{-\infty}^{\infty} f(\xi)\cos\lambda\xi d\xi \tag{3.1.9}$$

$$b_\lambda = \frac{1}{\pi}\int_{-\infty}^{\infty} f(\xi)\sin\lambda\xi d\xi \tag{3.1.10}$$

と書けます．この式は，λ が離散的な値をとるフーリエ展開の公式(2.2.5) を，連続的な値をとるように拡張した式とみなすことができます．

式(3.1.8) ～ (3.1.10) において $f(x)$ が偶関数である場合を考えてみます．このとき，式(3.1.9)，(3.1.10) の積分は

$$a_\lambda = \frac{2}{\pi}\int_{0}^{\infty} f(\xi)\cos\lambda\xi d\xi, \quad b_\lambda = 0$$

となり，同様に $f(x)$ が奇関数のときは，式(3.1.9)，(3.1.10) は

$$a_\lambda = 0, \quad b_\lambda = \frac{2}{\pi}\int_0^\infty f(\xi)\sin\lambda\xi d\xi$$

となります．したがって，式(3.1.8) は次のように書けます．

Point

$$f(x) = \frac{2}{\pi}\int_0^\infty \cos\lambda x d\lambda \int_0^\infty f(\xi)\cos\lambda\xi d\xi \quad (f(x)：偶関数) \tag{3.1.11}$$

$$f(x) = \frac{2}{\pi}\int_0^\infty \sin\lambda x d\lambda \int_0^\infty f(\xi)\sin\lambda\xi d\xi \quad (f(x)：奇関数) \tag{3.1.12}$$

3.2　フーリエ変換

式(3.1.5) において

$$g(\lambda) = \frac{1}{\sqrt{2\pi}}\int_{-\infty}^{\infty} f(\xi)e^{-i\lambda\xi}d\xi \tag{3.2.1}$$

とおいてみます．この積分はパラメータ λ を含んだ ξ に関する積分であり，積分結果には，λ を含むため，左辺のように記しています．この積分は絶対可積分な関数 $f(x)$ に対して意味をもつ式です．式(3.2.1) を用いれば，式(3.1.5) は

$$f(x) = \frac{1}{\sqrt{2\pi}}\int_{-\infty}^{\infty} g(\lambda)e^{i\lambda x}d\lambda \tag{3.2.2}$$

と書くことができます．

式(3.2.1) を関数 $f(x)$ に関数 $g(\lambda)$ を対応させる変換とみなし，**フーリエ変換**とよびます．一方，式(3.2.2) は関数 $g(\lambda)$ が与えられたとき，もとの $f(x)$ を求める変換とみなせるため，**フーリエ逆変換**といいます．

関数 f にフーリエ変換を行うことを記号 $F[f]$ で表し，逆に関数 g にフーリエ逆変換を行うことを記号 $F^{-1}[g]$ で表すことにします．

まとめると

Point

$$F[f] = \frac{1}{\sqrt{2\pi}} \int_{-\infty}^{\infty} f(x) e^{-i\lambda x} dx \tag{3.2.3}$$

$$F^{-1}[g] = \frac{1}{\sqrt{2\pi}} \int_{-\infty}^{\infty} g(\lambda) e^{i\lambda x} d\lambda \tag{3.2.4}$$

となります（式(3.2.1）で被積分関数のξをxに書き換えています）.

例として2，3の関数についてフーリエ変換を実際に求めてみます．まず$F[e^{-a|x|}]$（$a>0$)は，フーリエ変換の定義式により，

$$\begin{aligned}
F[e^{-a|x|}] &= \frac{1}{\sqrt{2\pi}} \int_{-\infty}^{\infty} e^{-a|x|} e^{-\lambda x} dx \\
&= \frac{1}{\sqrt{2\pi}} \int_{-\infty}^{0} e^{(a-\lambda)x} dx + \frac{1}{\sqrt{2\pi}} \int_{0}^{\infty} e^{-(a+\lambda)x} dx \\
&= \frac{1}{\sqrt{2\pi}} \left[\frac{1}{a-\lambda} e^{(a-\lambda)x} \right]_{-\infty}^{0} - \frac{1}{\sqrt{2\pi}} \left[\frac{1}{a+\lambda} e^{-(a+\lambda)x} \right]_{0}^{\infty} \\
&= \frac{1}{\sqrt{2\pi}} \left(\frac{1}{a-\lambda} + \frac{1}{a+\lambda} \right) = \sqrt{\frac{2}{\pi}} \frac{a}{a^2-\lambda^2}
\end{aligned}$$

したがって，

$$F[e^{-a|x|}] = \sqrt{\frac{2}{\pi}} \frac{a}{a^2-\lambda^2} \tag{3.2.5}$$

となります.

次に$F[e^{-ax^2}]$（$a>0$）を求めてみます．フーリエ変換の定義式から，

$$\begin{aligned}
F[e^{-ax^2}] &= \frac{1}{\sqrt{2\pi}} \int_{-\infty}^{\infty} e^{-ax^2-i\lambda x} dx \\
&= \frac{1}{\sqrt{2\pi}} e^{-\lambda^2/(4a)} \int_{-\infty}^{\infty} e^{-a\{x+i\lambda/(2a)\}^2} dx
\end{aligned}$$

ここで，**複素積分**

$$\oint_C e^{-z^2} dz$$

を図3.2.1に示すような積分路で行うと，積分路内に特異点はないため，**コーシーの積分定理**から

$$0 = \oint_C = \int_{C_1} + \int_{C_2} + \int_{C_3} + \int_{C_4}$$

ですが，$\int_{C_2}$ と $\int_{C_4}$ は $R \to \infty$ のとき 0 になるため，

$$\int_{-C_3} e^{-z^2} dz = -\int_{C_3} = \int_{C_1} = \int_{-\infty}^{\infty} e^{-ax^2} dx = \sqrt{\frac{\pi}{a}}$$

となります．したがって，次式が得られます．

$$F[e^{-ax^2}] = \frac{1}{\sqrt{2\pi}} e^{-\lambda^2/(4a)} \int_{-C_3} e^{-z^2} dz = \frac{1}{\sqrt{2a}} e^{-\lambda^2/(4a)} \tag{3.2.6}$$

このことから関数 e^{-ax^2}（$a > 0$）はフーリエ変換を行っても定数倍されるだけであることがわかります．特に $a = 1/2$ とおけば

$$F[e^{-x^2/2}] = e^{-\lambda^2/2}$$

となるため，$f(x) = e^{-x^2/2}$ はフーリエ変換に関して不変の関数です．

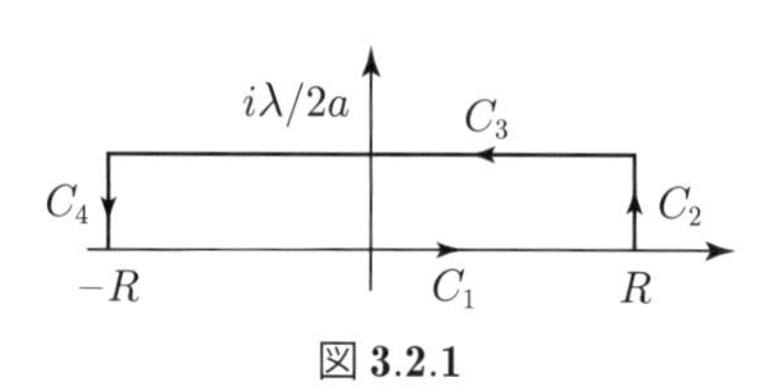

図 **3.2.1**

Point

$f(x)$ が偶関数のとき成り立つ式(3.1.11) において

$$g(\lambda) = \sqrt{\frac{2}{\pi}} \int_0^{\infty} f(x) \cos \lambda x dx \tag{3.2.7}$$

とおけば

$$f(x) = \sqrt{\frac{2}{\pi}} \int_0^{\infty} g(\lambda) \cos \lambda x d\lambda \tag{3.2.8}$$

と書くことができます．式(3.2.7) を，x の関数 f を λ の関数 g に対応させる変換とみなして，**フーリエ余弦変換**といいます．また，式(3.2.8) を，λ の関数 g を x の関数 f に対応させる変換とみなして**逆フーリエ余弦変換**といいます．これらをそれぞれ記号 $F_c[f]$ と $F_c{}^{-1}[g]$ で表すことにします．

Point

同様に，$f(x)$ が奇関数のとき成り立つ式(3.1.12) において

$$g(\lambda) = \sqrt{\frac{2}{\pi}} \int_0^\infty f(x) \sin \lambda x dx \tag{3.2.9}$$

とおけば

$$f(x) = \sqrt{\frac{2}{\pi}} \int_0^\infty g(\lambda) \sin \lambda x d\lambda \tag{3.2.10}$$

となります．これらをそれぞれ**フーリエ正弦変換**, **逆フーリエ正弦変換**とよび，それぞれ記号 $F_s[f]$ と $F_s{}^{-1}[g]$ で表すことにします．先ほど述べたフーリエ変換の場合と異なり，正弦変換と余弦変換では，変換もその逆変換も全く同じ形をしています．

3.3 フーリエ変換の性質

本節では**フーリエ変換の性質**の中で重要なものについて調べてみます．

3.3.1 線形性

$$F[a_1 f_1 + a_2 f_2] = a_1 F[f_1] + a_2 F[f_2] \quad (a_1,\ a_2 \text{ は定数}) \tag{3.3.1}$$

ただし，f_1，f_2 はフーリエ変換が可能な関数であると仮定します．

この公式はフーリエ変換が線形演算であることを意味しています．これは，積分が線形演算であるためであり，次のようにして示せます．

$$\begin{aligned} F[a_1 f_1 + a_2 f_2] &= \frac{1}{\sqrt{2\pi}} \int_{-\infty}^{\infty} \big(a_1 f_1(x) + a_2 f_2(x)\big) e^{-i\lambda x} dx \\ &= \frac{a_1}{\sqrt{2\pi}} \int_{-\infty}^{\infty} f_1(x) e^{-i\lambda x} dx + \frac{a_2}{\sqrt{2\pi}} \int_{-\infty}^{\infty} f_2(x) e^{-i\lambda x} dx \\ &= a_1 F[f_1] + a_2 F[f_2] \end{aligned}$$

3.3.2　フーリエ変換のフーリエ変換

$$F[F[f(x)]] = f(-x) \tag{3.3.2}$$

この公式はフーリエ変換を 2 回行うともとの関数の x と $-x$ を入れ換えたものになることを意味しています．したがって，もし $f(x)$ が偶関数であればフーリエ変換を 2 回行えばもとの関数に戻ります．

証明は次のとおりです．$F[f(x)] = g$ とすれば

$$f(x) = F^{-1}[g] = \frac{1}{\sqrt{2\pi}} \int_{-\infty}^{\infty} g(\lambda) e^{i\lambda x} d\lambda$$

この式で x を $-x$ でおきかえれば

$$f(-x) = \frac{1}{\sqrt{2\pi}} \int_{-\infty}^{\infty} g(\lambda) e^{-i\lambda x} d\lambda = F[g] = F[F[f(x)]]$$

となります．

3.3.3　$f(ax+b)$ のフーリエ変換

$$F[f(ax+b)] = \frac{1}{|a|} e^{ib\lambda/a} g\left(\frac{\lambda}{a}\right)$$

(a, b は定数で，g は f のフーリエ変換)　(3.3.3)

なぜなら

$$F[f(ax+b)] = \frac{1}{\sqrt{2\pi}} \int_{-\infty}^{\infty} f(ax+b) e^{-i\lambda x} dx$$

であり，$u = ax + b$ とおくと，$a > 0$ のとき

$$\begin{aligned} F[f(ax+b)] &= \frac{1}{\sqrt{2\pi}} \frac{1}{a} \int_{-\infty}^{\infty} f(u) e^{-i(u-b)\lambda/a} du \\ &= \frac{1}{a} e^{ib\lambda/a} \frac{1}{\sqrt{2\pi}} \int_{-\infty}^{\infty} f(u) e^{-i\lambda u/a} du \\ &= \frac{1}{a} e^{ib\lambda/a} g\left(\frac{\lambda}{a}\right) \end{aligned}$$

であり，$a < 0$ であれば $x \to \pm\infty$ のとき $u \to \mp\infty$ なので

$$
\begin{aligned}
F[f(ax+b)] &= \frac{1}{\sqrt{2\pi}}\frac{1}{a}\int_{\infty}^{-\infty} f(u)e^{-i(u-b)\lambda/a}du \\
&= -\frac{1}{a}e^{ib\lambda/a}\frac{1}{\sqrt{2\pi}}\int_{-\infty}^{\infty} f(u)e^{-i\lambda u/a}du \\
&= -\frac{1}{a}e^{ib\lambda/a}g\left(\frac{\lambda}{a}\right)
\end{aligned}
$$

となります．これらをまとめたものが式(3.3.3) です．

特に，$b=0$ のとき，

$$
F[f(ax)] = \frac{1}{|a|}g\left(\frac{\lambda}{a}\right) \tag{3.3.4}
$$

となり，$a=1$，$b=-c$ のとき

$$
F[f(x-c)] = e^{-ic\lambda}g(\lambda) = e^{-ic\lambda}F[f(x)] \tag{3.3.5}
$$

となります．

3.3.4　$f(ax)e^{-ibx}$ のフーリエ変換

$$
F[f(ax)e^{-ibx}] = \frac{1}{|a|}g\left(\frac{\lambda+b}{a}\right) \tag{3.3.6}
$$

なぜなら

$$
\begin{aligned}
F[f(ax)e^{-ibx}] &= \frac{1}{\sqrt{2\pi}}\int_{-\infty}^{\infty} f(ax)e^{-i(\lambda+b)x}dx \\
&= \frac{1}{|a|\sqrt{2\pi}}\int_{-\infty}^{\infty} f(ax)e^{-i(\lambda+b)ax/a}d(ax) \\
&= \frac{1}{|a|}g\left(\frac{\lambda+b}{a}\right)
\end{aligned}
$$

（実際には 3.3.3 項と同じく a の符号によって場合分けして計算する必要がありますが，3.3.3 項と同様であるため，ひとまとめにしています）

3.3.5　微分

Point

$$F\left[\frac{df}{dx}\right] = i\lambda F[f] \tag{3.3.7}$$

$$F\left[\frac{d^n f}{dx^n}\right] = (i\lambda)^n F[f] \tag{3.3.8}$$

なぜなら，部分積分を用いて

$$\begin{aligned} F\left[\frac{df}{dx}\right] &= \frac{1}{\sqrt{2\pi}}\int_{-\infty}^{\infty}\frac{df}{dx}e^{-i\lambda x}dx \\ &= \frac{1}{\sqrt{2\pi}}\left[f(x)e^{-i\lambda x}\right]_{-\infty}^{\infty} + \frac{i\lambda}{\sqrt{2\pi}}\int_{-\infty}^{\infty}f(x)e^{-i\lambda x}dx \end{aligned}$$

となりますが，$f(x)$ は絶対可積分であるため，$|x|\to\infty$ で $f(x)\to 0$ になり，最右辺第 1 項が 0 であることから式(3.3.7）が得られます．式(3.3.8）も部分積分を繰り返すことにより同様に証明できます．

3.3.6　λ による微分

$$\frac{d^m}{d\lambda^m}F[f] = F[(-ix)^m f(x)] \tag{3.3.9}$$

なぜなら，

$$\begin{aligned} F[(-ix)^m f(x)] &= \frac{1}{\sqrt{2\pi}}\int_{-\infty}^{\infty}(-ix)^m f(x)e^{-i\lambda x}dx \\ &= \frac{1}{\sqrt{2\pi}}\int_{-\infty}^{\infty}f(x)\frac{d^m}{d\lambda^m}e^{-i\lambda x}dx = \frac{d^m}{d\lambda^m}F[f] \end{aligned}$$

3.3.7　積分

$x\to\pm\infty$の極限で

$$\int_0^x f(\xi)d\xi \to 0$$

であれば

$$F\left[\int_0^x f(\xi)d\xi\right] = \frac{1}{i\lambda}F[f(x)] \tag{3.3.10}$$

なぜなら，部分積分を行って，仮定を用いれば

$$\begin{aligned}
&F\left[\int_0^x f(\xi)d\xi\right] \\
&= \frac{1}{\sqrt{2\pi}}\int_{-\infty}^{\infty}\left[\int_0^x f(\xi)d\xi\right]e^{-i\lambda x}dx \\
&= \frac{-1}{i\lambda\sqrt{2\pi}}\left[e^{-i\lambda x}\int_0^x f(\xi)d\xi\right]_{-\infty}^{\infty} + \frac{1}{i\lambda\sqrt{2\pi}}\int_{-\infty}^{\infty} f(x)e^{-i\lambda x}dx \\
&= \frac{1}{i\lambda}F[f(x)]
\end{aligned}$$

3.3.8 合成積

フーリエ変換でしばしば現れる演算に合成積があります．これは $f_1(x)$, $f_2(x)$ が全区間で積分可能なとき

$$f_1 * f_2(x) = \int_{-\infty}^{\infty} f_1(\xi)f_2(x-\xi)d\xi \tag{3.3.11}$$

の右辺で定義される演算であり，左辺の記号で表します[*1]．この定義から

$$f_1 * f_2 = f_2 * f_1 \tag{3.3.12}$$

が成り立つことが示せます．

合成積のフーリエ変換に対して次式が成り立ちます．

Point

$$F[f_1 * f_2] = \sqrt{2\pi}F[f_1]F[f_2] \tag{3.3.13}$$

すなわち，2 つの関数の合成積のフーリエ変換はそれぞれの関数のフーリエ変換の積(に $\sqrt{2\pi}$ をかけたもの)になります．このことは以下のように示せます．定義から

＊1　式(3.3.11) の右辺に $1/\sqrt{2\pi}$ をかけたもので合成積を定義することもあります．

$$\begin{aligned}\sqrt{2\pi}F[f_1 * f_2] &= \int_{-\infty}^{\infty}\left[\int_{-\infty}^{\infty} f_1(\xi)f_2(x-\xi)d\xi\right]e^{-i\lambda x}dx \\ &= \int_{-\infty}^{\infty} f_1(\xi)d\xi\left[\int_{-\infty}^{\infty} f_2(x-\xi)e^{-i\lambda x}dx\right]\end{aligned}$$

ですが，最後の積分で，$\eta = x - \xi$ とおくと

$$\begin{aligned}\sqrt{2\pi}F[f_1 * f_2] &= \int_{-\infty}^{\infty} f_1(\xi)d\xi\left[\int_{-\infty}^{\infty} f_2(\eta)e^{-i\lambda\eta}e^{-i\lambda\xi}d\eta\right] \\ &= \int_{-\infty}^{\infty} f_1(\xi)e^{-i\lambda\xi}d\xi\int_{-\infty}^{\infty} f_2(\eta)e^{-i\lambda\eta}d\eta = 2\pi F[f_1]F[f_2]\end{aligned}$$

となります．

3.4　フーリエ変換の応用

本節ではフーリエ変換の応用として偏微分方程式の**初期値・境界値問題**をとりあげます．次の問題を考えてみます．

$$\frac{\partial^2 u}{\partial x^2} + \frac{\partial^2 u}{\partial y^2} = 0 \quad (-\infty < x < \infty,\ y > 0) \tag{3.4.1}$$

$$u(x,0) = h(x) \quad (-\infty < x < \infty) \tag{3.4.2}$$

この問題は上半面（半無限領域）における**ラプラス方程式**の解を x 軸上で値を指定して求める問題になっています．

この問題を解くために，式(3.4.1)を x に関してフーリエ変換します．$u(x,y)$ を x に関してフーリエ変換するとパラメータ λ を含んだ y の関数になるため，それを $U_\lambda(y)$ と記して

$$U_\lambda(y) = F[u(x,y)]$$

とします．この記法を用いれば，式(3.4.1) は

$$-\lambda^2 U_\lambda + \frac{d^2 U_\lambda}{dy^2} = 0$$

となります．ただし，左辺第 1 項はフーリエ変換の微分に関する性質を用いています．また第 2 項は,

$$\frac{1}{\sqrt{2\pi}}\int_{-\infty}^{\infty}\frac{\partial^2}{\partial y^2}\left(ue^{-i\lambda x}\right)dx = \frac{d^2}{dy^2}\left(\frac{1}{\sqrt{2\pi}}\int_{-\infty}^{\infty} ue^{-i\lambda x}dx\right)$$

が成り立つことを利用しています．境界条件の式もフーリエ変換すれば上の記法を用いて

$$U_\lambda(0) = H(\lambda) \tag{3.4.3}$$

となります．ここで $H(\lambda)$ は $h(x)$ のフーリエ変換です．以上をまとめれば，もとの問題をフーリエ変換することにより，偏微分方程式の境界値問題は

$$\frac{d^2U_\lambda}{dy^2} - \lambda^2 U_\lambda = 0 \tag{3.4.4}$$

という常微分方程式を境界条件（3.4.3）のもとで解く問題に帰着されたことになります．

式(3.4.4) の一般解は

$$U_\lambda(y) = Ae^{-|\lambda|y} + Be^{|\lambda|y}$$

です．ただし，λ に絶対値をつけたのは，$y \to \infty$のとき右辺の第1項が0になり，第2項が ∞ になることをはっきりさせるためです．このとき，第2項があると解は発散するため，$B = 0$ であることがわかります．さらに式(3.4.3) から $A = H(\lambda)$ となります．したがって，境界条件を満足する式(3.4.4) の解として

$$U_\lambda(y) = H(\lambda)e^{-|\lambda|y} \tag{3.4.5}$$

が得られます．

未知関数のフーリエ変換が求まったため，未知関数はその逆変換として求まります．h のフーリエ変換は H です．さらに関数 g として g のフーリエ変換が $e^{-|\lambda|y}$ となる関数，すなわち

$$F[g] = e^{-|\lambda|y}$$

または

$$g = F^{-1}\left[e^{-|\lambda|y}\right]$$

とします．このとき，式(3.4.5) は

$$F[u] = F[h]F[g]$$

を意味しています．また，合成積 $h * g$ のフーリエ変換に関して

$$F[h * g] = \sqrt{2\pi}F[h]F[g]$$

が成り立つため，

$$u = F^{-1}[F[h]F[g]]$$
$$= \frac{1}{\sqrt{2\pi}} F^{-1}[F[h * g]] = \frac{1}{\sqrt{2\pi}} h * g = \frac{1}{\sqrt{2\pi}} \int_{-\infty}^{\infty} g(x-\xi)h(\xi)d\xi \tag{3.4.6}$$

となります．したがって，g が求まれば解が得られます．フーリエ逆変換の公式を用いて g を計算すると

$$g = \sqrt{\frac{2}{\pi}} \frac{y}{x^2 + y^2}$$

であるため，結局

$$\begin{aligned} u(x,y) &= \frac{1}{\sqrt{2\pi}} \int_{-\infty}^{\infty} \sqrt{\frac{2}{\pi}} \frac{y}{(x-\xi)^2 + y^2} h(\xi) d\xi \\ &= \frac{y}{\pi} \int_{-\infty}^{\infty} \frac{h(\xi)}{(x-\xi)^2 + y^2} d\xi \end{aligned} \tag{3.4.7}$$

となります．

次に 1 次元の**拡散方程式**の初期値問題

$$\frac{\partial u}{\partial t} = a^2 \frac{\partial^2 u}{\partial x^2} \quad (-\infty < x < \infty, \quad t > 0) \tag{3.4.8}$$

$$u(x,0) = h(x) \quad (-\infty < x < \infty) \tag{3.4.9}$$

を考えてみます．この方程式もフーリエ変換を用いて同様に解くことができます．

偏微分方程式を x に関してフーリエ変換すれば

$$\frac{dU_\lambda}{dt} = -a^2 \lambda^2 U_\lambda$$

となります．ただし，$U_\lambda = F[u]$ です．この常微分方程式を解けば

$$U_\lambda(t) = Ae^{-a^2\lambda^2 t} \quad (A\text{：任意定数})$$

が得られます．次に初期条件をフーリエ変換すれば

$$U_\lambda(0) = H(= F[h])$$

となります．この条件から任意定数 A の値が定まり

$$U_\lambda(t) = He^{-a^2\lambda^2 t}$$

となります．この式から解 $u(x,t)$ を求めるために，フーリエ逆変換を行います．このとき式(3.2.6) を参照して

$$F^{-1}[e^{-a^2\lambda^2 t}] = \frac{1}{a\sqrt{2t}}\exp\left(-\frac{x^2}{4a^2t}\right)$$

であるため

$$\begin{aligned} u(x,t) &= F^{-1}[U_\lambda] = F^{-1}[He^{-a^2\lambda^2 t}] \\ &= F^{-1}\left[F[h]F\left[\frac{1}{a\sqrt{2t}}\exp\left(-\frac{x^2}{4a^2t}\right)\right]\right] \\ &= \frac{1}{\sqrt{2\pi}}h * \frac{1}{a\sqrt{2t}}\exp\left(-\frac{x^2}{4a^2t}\right) \end{aligned}$$

となります．合成積の定義から解 u として

$$u(x,t) = \frac{1}{2a\sqrt{\pi t}}\int_{-\infty}^{\infty} h(\xi)\exp\left(-\frac{(x-\xi)^2}{4a^2t}\right)d\xi \tag{3.4.10}$$

が求まります．

このように2独立変数の線形偏微分方程式は1つの変数に関してフーリエ変換すれば常微分方程式になるため，解法が大幅に簡単になることがわかります．

Problems　　Chapter 3

1. 次の関数のフーリエ変換を求めなさい.

(a) $\dfrac{1}{x^2+a^2}\quad (a>0)$

(b) $f(x)=\begin{cases} a-|x| & (|x|\leqq a) \\ 0 & (|x|>a) \end{cases}$

2. $f(x)$ のフーリエ変換を $F[\lambda]$ としたとき，次の関数のフーリエ変換を求めなさい.

(a) $xf(x)$　　(b) $f(x+2)$

(c) $f(-x)$　　(d) $f(x+a)-f(x-a)$

(e) $f(x)e^{i\omega x}$　　(f) $f(x)\sin\omega x$

3. $f(x)=\begin{cases} 1-x^2 & (|x|\leqq 1) \\ 0 & (|x|>1) \end{cases}$

のフーリエ変換を求め，その結果を利用して

$$\int_0^\infty \frac{x\cos x-\sin x}{x^3}\cos\left(\frac{x}{2}\right)dx$$

を計算しなさい.

4. フーリエ変換を利用して次の関係を満たす関数 $f(x)$ を求めなさい.

$$\int_0^\infty f(x)\sin\lambda x dx=\lambda e^{-\lambda}$$

Chapter 4

ラプラス変換

4.1 ラプラス変換

複素数または実数のパラメータ s を含む積分

Point

$$F(s) = \int_0^{\infty} e^{-st} f(t)dt \tag{4.1.1}$$

を考えます．式(4.1.1) の右辺は t に関する定積分であり，積分すれば t は消えてパラメータ s だけが残ります．したがって，それを $F(s)$と書いています．この $F(s)$のことを関数 $f(t)$の**ラプラス変換**とよび，次のように記します．

$$F(s) = L[f(t)], \qquad F(s) = L[f] \tag{4.1.2}$$

積分 (4.1.1) は半無限区間での積分なので，任意の関数 $f(t)$に対して存在するわけではありません. これに関しては以下の事実が知られています. すなわち,

Point

関数 $f(t)$が $t \geqq 0$ において区分的に連続であり，また十分に大きな正の定数 T に対して，正数 M, α が存在して，$t > T$ に対して

$$|f(t)| < Me^{\alpha t} \tag{4.1.3}$$

が成り立つならば，すべての $\mathrm{Re}(s) > \alpha$ に対して $f(t)$のラプラス変換 (4.1.1) が存在する.

ことが知られています[*1]．ただし区分的に連続であるとは有限個の不連続点を

＊1　この事実から想像できるように，$f(t)$のラプラス変換 $F(s) = L[f(t)]$ が点 $s = s_0$ で存在すれば，$\mathrm{Re}(s) > \mathrm{Re}(s_0)$ を満足する任意の複素数 s について $F(s)$が存在します．そこで，$\mathrm{Re}(s) > a$ となる複素数に対して $F(s) = L[f]$ が存在するという実数 a の下限を α したとき，この α をラプラス変換 (4.1.1) の**収束座標**とよびます．このとき $\mathrm{Re}(s) > \alpha$ （複素平面上の半平面）でラプラス変換が存在しますが，この領域をラプラス変換の**収束域**といいます.

除き連続であることを意味しています．

はじめに，t^n（$n=0,1,2,\cdots$）のラプラス変換を求めてみます．いま，$I_n = L[t^n]$ と記すことにすれば

$$I_n = \int_0^\infty t^n e^{-st} dt = \left[-\frac{1}{s} t^n e^{-st}\right]_0^\infty + \frac{n}{s}\int_0^\infty t^{n-1} e^{-st} dt$$

となります．そこで，$\mathrm{Re}(s) > 0$ であれば，以下の **Example** に示すように（式(4.1.5) 参照）右辺第 1 項は 0 になり，また右辺第 2 項の積分は I_{n-1} です．したがって，漸化式

$$I_n = \frac{n}{s} I_{n-1}$$

が得られます．一方，$\mathrm{Re}(s) > 0$ のとき

$$I_0 = \int_0^\infty e^{-st} dt = \left[-\frac{1}{s} e^{-st}\right]_0^\infty = \frac{1}{s}$$

となります．したがって，

$$I_n = \frac{n}{s} I_{n-1} = \frac{n}{s}\frac{n-1}{s} I_{n-2} = \cdots = \frac{n!}{s^n} I_0 = \frac{n!}{s^{n+1}}$$

となるため，

$$L[t^n] = \frac{n!}{s^{n+1}} \quad (n = 0, 1, 2, \cdots; \mathrm{Re}(s) > 0) \tag{4.1.4}$$

が得られます（$0! = 1$ なので上式は $n = 0$ のときも使えます）．

Example 4.1.1

$\mathrm{Re}(s) > 0$ のとき

$$\lim_{t\to\infty} t^n e^{-st} = 0 \quad (n = 0, 1, 2, \cdots) \tag{4.1.5}$$

が成り立つことを示しなさい．

[Answer]

$s = a + ib$ とおくと，条件から $a > 0$ です．$t > 0$ であることを考慮すれば

$$|t^n e^{-st}| = t^n e^{-at}$$

となります．そこで，ロピタルの定理[*2]を続けて使えば

$$\lim_{t\to\infty}|t^n e^{-st}| = \lim_{t\to\infty} t^n e^{-at} = \lim_{t\to\infty}\frac{t^n}{e^{at}}$$
$$= \lim_{t\to\infty}\frac{nt^{n-1}}{ae^{at}} = \cdots = \lim_{t\to\infty}\frac{n!}{a^n e^{at}} = 0$$

次に指数関数 e^{at} のラプラス変換を求めてみます．定義から

$$L[e^{at}] = \int_0^\infty e^{at}e^{-st}dt = \int_0^\infty e^{(a-s)t}dt = \left[\frac{1}{a-s}e^{(a-s)t}\right]_0^\infty$$

となるので，$\mathrm{Re}(a-s) < 0$ のとき（すなわち，$\mathrm{Re}(s) > \mathrm{Re}(a)$ のとき）積分が存在して $1/(s-a)$ となります．したがって，a が実数ならば，

$$L[e^{at}] = \frac{1}{s-a} \quad (\mathrm{Re}(s) > a) \tag{4.1.6}$$

となります．また a が純虚数のときは $a = i\omega$ とおくと

$$L[e^{i\omega t}] = \frac{1}{s-i\omega} \ (\mathrm{Re}(s) > 0)$$

となります．ただし，$\mathrm{Re}(s) > 0$ という条件は

$$\mathrm{Re}(a-s) = \mathrm{Re}(i\omega - s) = -\mathrm{Re}(s)$$

より得られます．この式の実部と虚部から次の関係が得られます[*3]．

$$L[\cos\omega t] = \frac{s}{s^2+\omega^2} \quad (\mathrm{Re}(s) > 0) \tag{4.1.7}$$

$$L[\sin\omega t] = \frac{\omega}{s^2+\omega^2} \quad (\mathrm{Re}(s) > 0) \tag{4.1.8}$$

＊2　$f(x)$，$g(x)$ が a を含む区間で連続で $x = a$ 以外で微分可能．$g'(x) \neq 0$ のとき

$$\lim_{x\to a} f(x) = \lim_{x\to a} g(x) = 0 \quad \text{または} \quad \lim_{x\to a} f(x) = \lim_{x\to a} g(x) = \infty$$

であれば，次式が成り立ちます．

$$\lim_{x\to a} f'(x)/g'(x) = \lim_{x\to a} f(x)/g(x)$$

＊3　実部と虚部が分けられること（線形性）を使っています（4.2 節参照）．

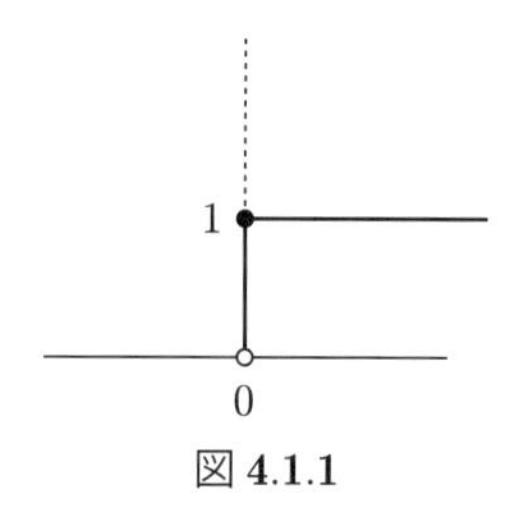

図 **4.1.1**

単位階段関数とよばれる関数 $U(t)$ を図 4.1.1 に示すように

$$U(t) = 0 \quad (t < 0), \qquad U(t) = 1 \quad (t \geqq 0) \tag{4.1.9}$$

で定義します．また，$a > 0$ としたとき，$U(t-a)$ は図 4.1.2 に示すように $U(t)$を右にaだけ平行移動した関数です．これらは区分的に連続な関数であり，ラプラス変換は

$$L[U] = \int_0^a 0 \cdot e^{-st} dt + \int_a^\infty 1 \cdot e^{-st} dt = \left[-\frac{1}{s} e^{-st} \right]_a^\infty = \frac{e^{-as}}{s}$$

となります．すなわち，

$$L[U(t-a)] = \frac{e^{-as}}{s} \quad \left(\text{特に } L[U(t)] = \frac{1}{s} \right) \tag{4.1.10}$$

です．

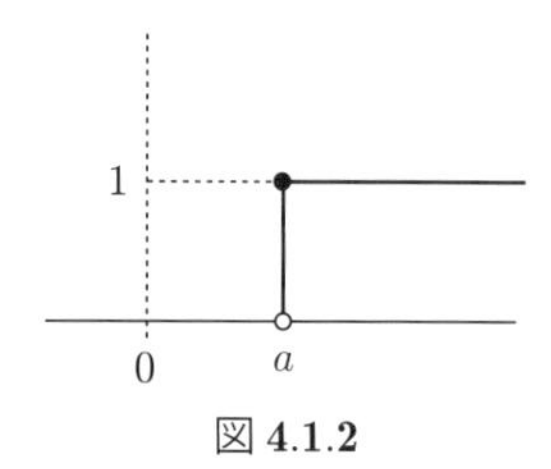

図 **4.1.2**

4.2　ラプラス変換の性質

ラプラス変換には以下の基本的な性質があります．ただし，a，b は定数で，f のラプラス変換を F と記しています．また U は前節で述べた単位階段関数です．

Point

$$L[af_1+bf_2]=aL[f_1]+bL[f_2]=aF_1(s)+bF_2(s) \tag{4.2.1}$$

$$L[f(at)]=\frac{1}{a}F\left(\frac{s}{a}\right)\quad (a>0) \tag{4.2.2}$$

$$L[e^{at}f(t)]=F(s-a)\quad (a>0) \tag{4.2.3}$$

$$L[f(t-a)U(t-a)]=e^{-as}F(s)\quad (a>0) \tag{4.2.4}$$

式(4.2.1) はラプラス変換が線形の演算であることを示しています．これは積分が線形の演算であることからの帰結です．実際，ラプラス変換の定義式を用いれば

$$\begin{aligned}L[af_1+bf_2]=&\int_0^\infty e^{-st}\{af_1(t)+bf_2(t)\}dt\\=&a\int_0^\infty e^{-st}f_1(t)dt+b\int_0^\infty e^{-st}f_2(t)dt\\=&aL[f_1]+bL[f_2]\end{aligned}$$

のように確かめられます．

式(4.2.2) が成り立つ理由は，$\tau=at$ とおけば，$a>0$ のとき

$$L[f(at)]=\int_0^\infty e^{-st}f(at)dt=\frac{1}{a}\int_0^\infty e^{-s\tau/a}f(\tau)d\tau=\frac{1}{a}F\left(\frac{s}{a}\right)$$

となるからです．また，式(4.2.3) は

$$L[e^{at}f(t)]=\int_0^\infty e^{-st}e^{at}f(t)dt=\frac{1}{a}\int_0^\infty e^{-(s-a)}f(t)dt=F(s-a)$$

からわかります．さらに式(4.2.4) は

$$
\begin{aligned}
L[f(t-a)U(t-a)] &= \int_0^\infty e^{-st} f(t-a)U(t-a)dt \\
&= \int_a^\infty e^{-s(t-a)-sa} f(t-a)d(t-a) \\
&= e^{-sa}\int_0^\infty e^{-s\tau} f(\tau)d\tau = e^{-sa}L[f(t)] \quad (\tau = t-a)
\end{aligned}
$$

のように考えます．なお，関数 $f(t-a)U(t-a)$ は図 4.2.1 に示すように，関数 $f(t)$を右に a だけ平行移動したあと，$t=a$ より左の部分を 0 にした関数です．

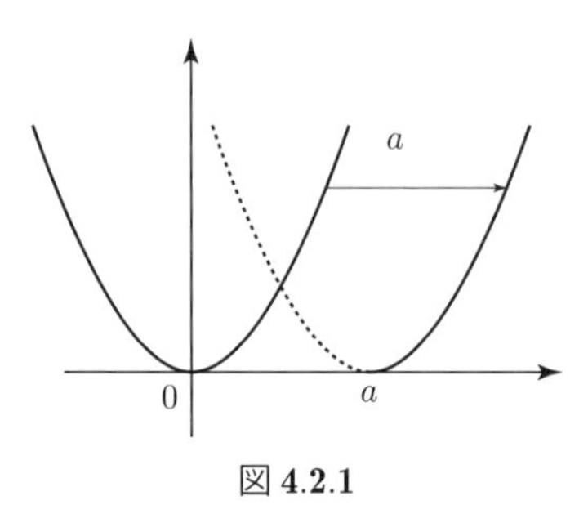

図 **4.2.1**

Example 4.2.1

次式が成り立つことを示しなさい．

$$
L[\sinh \omega t] = \frac{\omega}{s^2-\omega^2}, \quad L[\cosh \omega t] = \frac{s}{s^2-\omega^2} \quad (\mathrm{Re}(s) > |\omega|)
$$

[Answer]

$$
\begin{aligned}
L[\sinh \omega t] &= L\left[\frac{1}{2}e^{\omega t} - \frac{1}{2}e^{-\omega t}\right] = \frac{1}{2}L[e^{\omega t}] - \frac{1}{2}L[e^{-\omega t}] \\
&= \frac{1}{2}\frac{1}{s-\omega} - \frac{1}{2}\frac{1}{s+\omega} = \frac{\omega}{s^2-\omega^2} \\
L[\cosh \omega t] &= L\left[\frac{1}{2}e^{\omega t} + \frac{1}{2}e^{-\omega t}\right] = \frac{1}{2}L[e^{\omega t}] + \frac{1}{2}L[e^{-\omega t}] \\
&= \frac{1}{2}\frac{1}{s-\omega} + \frac{1}{2}\frac{1}{s+\omega} = \frac{s}{s^2-\omega^2}
\end{aligned}
$$

Example 4.2.2

次の関数をラプラス変換しなさい．ただし，$a>0$ とします．

(1) $e^{at}t^n \quad (n=0,1,2\cdots)$

(2) $e^{at}\sin\omega t$

(3) $e^{at}\cos\omega t$

[Answer]

ラプラス変換の性質（式(4.2.3)）を用いれば

(1) $L[e^{at}t^n]=\dfrac{n!}{(s-a)^{n+1}}$

(2) $L[e^{at}\sin\omega t]=\dfrac{\omega}{(s-a)^2+\omega^2}$

(3) $L[e^{at}\cos\omega t]=\dfrac{s-a}{(s-a)^2+\omega^2}$

次に微分と積分に関してラプラス変換には以下の性質があります[*4]．

Point

$$L[f^{(n)}(t)]=s^nF[s]-f(+0)s^{n-1}-f'(+0)s^{n-2}-\cdots-f^{(n-1)}(+0) \tag{4.2.5}$$

$$L\left[\int_0^t\cdots\int_0^t f(t)dt\cdots dt\right]=\frac{F[s]}{s^n} \tag{4.2.6}$$

$$L[tf(t)]=-\frac{dF[s]}{ds} \tag{4.2.7}$$

$$L\left[\frac{f(t)}{t}\right]=\int_s^\infty F(s)ds \tag{4.2.8}$$

式(4.2.5) は $n=1$ のとき

$$L[f'(t)]=sF(s)-f(+0) \tag{4.2.9}$$

となりますが，この式が成り立つことは以下のようにして示せます．すなわち，

＊4　$f(+0)$ は $x>0$ の部分から 0 に近づけた極限を意味します．ただし，たいていは 0 を代入したものに等しくなります．

ラプラス変換の定義と部分積分を用いて

$$
\begin{aligned}
L[f'(t)] &= \int_0^\infty e^{-st} f'(t)dt \\
&= \left[e^{-st} f(t)\right]_0^\infty + s\int_0^\infty e^{-st} f(t)dt \\
&= \lim_{t\to\infty} e^{-st} f(t) - f(+0) + sF(s)
\end{aligned}
$$

と変形します．このとき，最右辺の極限の項が，十分に大きい $t > 0$ に対して $|f(t)| < Me^{\gamma t}$ であれば，$\mathrm{Re}(s) > \gamma$ のとき $\lim_{t\to\infty} e^{-st} f(t) = 0$ となります．

2 階微分に対しても

$$
\begin{aligned}
L[f''(t)] &= \int_0^\infty e^{-st} f''(t)dt \\
&= \left[e^{-st} f'(t)\right]_0^\infty + s\int_0^\infty e^{-st} f'(t)dt \\
&= -f'(+0) + sL[f'(t)] \\
&= s^2F[s] - f(+0)s - f'(+0)
\end{aligned}
\tag{4.2.10}
$$

とします．n 階微分の場合の公式(4.2.5）も同様に得られます．

式(4.2.6）は $n = 1$ のとき

$$
L\left[\int_0^t f(t)dt\right] = \frac{F(s)}{s} \tag{4.2.11}
$$

を意味しますが，このことを示すには

$$
\begin{aligned}
L\left[\int_0^t f(t)dt\right] &= \int_0^\infty e^{-st}\left(\int_0^t f(\tau)d\tau\right)dt \\
&= \left[-\frac{1}{s}e^{-st}\int_0^t f(\tau)d\tau\right]_0^\infty + \frac{1}{s}\int_0^\infty e^{-st} f(t)dt \\
&= \frac{F(s)}{s}
\end{aligned}
$$

と変形します．n 回の積分に対する式(4.2.6）も同様に示せます．なお，微分の場合とは異なり，これらの公式には $f(+0)$ 等は現れません．

式(4.2.7）と式(4.2.8）は以下のようにして示せます．

$$
\begin{aligned}
-\frac{dF(s)}{ds} &= -\frac{d}{ds}\int_0^\infty e^{-st}f(t)dt \\
&= -\int_0^\infty \frac{\partial}{\partial s}(e^{-st}f(t))dt \\
&= \int_0^\infty e^{-st}(tf(t))dt \\
&= L[tf(t)]
\end{aligned}
$$

$$
\begin{aligned}
\int_s^\infty F(s)ds &= \int_s^\infty \left(\int_0^\infty e^{-st}f(t)dt\right)ds \\
&= \int_0^\infty \left(\int_s^\infty e^{-st}f(t)ds\right)dt \\
&= \int_0^\infty \left[-e^{-st}\frac{f(t)}{t}\right]_s^\infty dt \\
&= \int_0^\infty e^{-st}\frac{f(t)}{t}dt \\
&= L\left[\frac{f(t)}{t}\right]
\end{aligned}
$$

積 FG が何に対するラプラス変換になっているかを調べるために，次式で定義される**合成積**

Point

$$
f * g = \int_0^t f(\tau)g(t-\tau)d\tau \tag{4.2.14}
$$

を導入します．合成積に対しては交換法則

$$
f * g = g * f
$$

が成り立ちます．なぜなら，$t-\tau=\lambda$ とおけば

$$
\begin{aligned}
f * g &= \int_0^t f(\tau)g(t-\tau)d\tau \\
&= \int_t^0 f(t-\lambda)g(\lambda)d(-\lambda) \\
&= \int_0^t g(\lambda)f(t-\lambda)d\lambda \\
&= g * f
\end{aligned}
$$

となるからです．

このように定義された合成積に対して

Point

$$L[f*g]=L[g*f]=L[f]L[g] \tag{4.2.15}$$

が成り立ちます．証明は以下のようにします．

$$\begin{aligned}
L[f*g]&=L[g*f]\\
&=L\left[\int_0^t g(\tau)f(t-\tau)d\tau\right]\\
&=\int_0^\infty e^{-st}dt\int_0^t f(t-\tau)g(\tau)d\tau\\
&=\int_0^\infty e^{-st}dt\int_0^\infty f(t-\tau)U(t-\tau)g(\tau)d\tau\\
&=\int_0^\infty g(\tau)d\tau\int_0^\infty e^{-st}f(t-\tau)U(t-\tau)dt\\
&=\int_0^\infty g(\tau)d\tau\int_\tau^\infty e^{-st}f(t-\tau)dt\\
&=\int_0^\infty g(\tau)d\tau\int_\tau^\infty e^{-s(t-\tau)-s\tau}f(t-\tau)d(t-\tau)\\
&=\int_0^\infty e^{-s\tau}g(\tau)d\tau\int_0^\infty e^{-s\lambda}f(\lambda)d\lambda=L[g]L[f]
\end{aligned}$$

ここで，第 3 行目から第 4 行目と第 5 行目から第 6 行目の変形では，図 4.2.2 に示す単位関数の性質を使っています．また，第 7 行目から第 8 行目の変形では $t-\tau=\lambda$ とおいています．したがって，式(4.2.15) が成り立ちます．

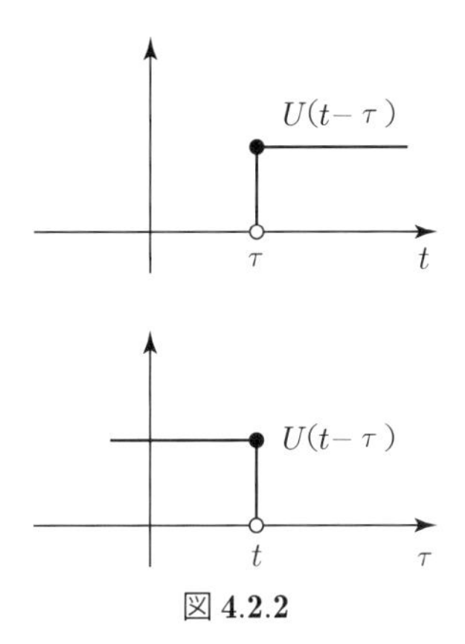

図 **4.2.2**

Example 4.2.3

関数 e^{at} は微分方程式 $dx/dt - ax = 0$ の $x(0) = 1$ を満足する解であることを利用して，e^{at} のラプラス変換を求めなさい．

[Answer]

微分方程式をラプラス変換すれば，$L[x] = X$ と記して，式(4.2.9) から

$$(sX - x(0)) - aX = 0$$

となります．初期条件を考慮して

$$(s-a)X = 1 \text{ より，} \quad X = L[e^{at}] = \frac{1}{s-a}$$

Example 4.2.4

次の関数をラプラス変換しなさい．ただし，$a > 0$ とします．

(1) $L\left[\dfrac{\sin t}{t}\right]$

(2) $L\left[\displaystyle\int_0^t \frac{\sin t}{t} dt\right]$

[**Answer**]

(1) $L[\sin t] = \dfrac{1}{s^2+1}$

したがって，式(4.2.8) から

$$L\left[\frac{\sin t}{t}\right] = \int_s^\infty \frac{1}{s^2+1}ds = \left[\tan^{-1} s\right]_s^\infty = \frac{\pi}{2} - \tan^{-1} s$$

(2) 上式と式(4.2.11) から

$$L\left[\int_0^t \frac{\sin t}{t}dt\right] = \frac{1}{s}L\left[\frac{\sin t}{t}\right] = \frac{1}{s}\left(\frac{\pi}{2} - \tan^{-1} s\right)$$

Example 4.2.5

次の関数のラプラス変換を求めなさい．

(1) $\displaystyle\int_0^t \cos a(t-\tau)\sin a\tau d\tau$

(2) $\displaystyle\int_0^t \cosh a(t-\tau)\sinh a\tau d\tau$

[**Answer**]

(1)
$$\begin{aligned} L\left[\int_0^t \cos a(t-\tau)\sin a\tau d\tau\right] &= L[\cos at * \sin at] \\ &= L[\cos at]L[\sin at] \\ &= \frac{as}{(s^2+a^2)^2} \end{aligned}$$

(2)
$$\begin{aligned} L\left[\int_0^t \cosh a(t-\tau)\sinh at\right] &= L[\cosh at * \sinh at] \\ &= L[\cosh at]L[\sinh at] \\ &= \frac{as}{(s^2-a^2)^2} \end{aligned}$$

表 4.2.1 に代表的な関数のラプラス変換をまとめておきます．

表 **4.2.1**　代表的な関数のラプラス変換

$f(t)$	$F(t)=L[f]$	$f(t)$	$F(t)=L[f]$
1	$\frac{1}{s}$	$\cosh at$	$\frac{s}{s^2-a^2}$
t^n	$\frac{n!}{s^{n+1}}$	$t\sin\omega t$	$\frac{2\omega s}{(s^2+\omega^2)^2}$
e^{at}	$\frac{1}{s-a}$	$t\cos\omega t$	$\frac{s^2-\omega^2}{(s^2+\omega^2)^2}$
$\sin\omega t$	$\frac{\omega}{s^2+\omega^2}$	$e^{at}\sin\omega t$	$\frac{\omega}{(s-a)^2+\omega^2}$
$\cos\omega t$	$\frac{s}{s^2+\omega^2}$	$e^{at}\cos\omega t$	$\frac{s-a}{(s-a)^2+\omega^2}$
$t^n e^{at}$	$\frac{n!}{(s-a)^{n+1}}$	$U(t-a)\quad(a>0)$	$\frac{e^{-as}}{s}$
$\sinh at$	$\frac{a}{s^2-a^2}$	$\delta(t-a)\quad(a>0)$	e^{-as}

4.3　ラプラス逆変換

本節では，ある関数 $f(t)$ のラプラス変換 $F(s)$ が与えられているとき，逆に $F(s)$ から $f(t)$ を求めることを考えます．このような手続きのことをラプラス逆変換とよび記号

$$f(t)=L^{-1}[F(s)] \tag{4.3.1}$$

で表します．具体的には

$$L^{-1}[F(s)]=\frac{1}{2\pi i}\int_{\sigma-i\infty}^{\sigma+i\infty} e^{st}F(s)ds$$

のように複素積分として計算可能であることが知られています．しかし，多くの場合は前節で述べたラプラス変換の性質から導かれるラプラス逆変換の性質を利用して複素積分を行うことなく逆変換を求めます．本節ではそのような取り扱い方を示します．

まず代表的な関数に対してラプラス変換を求めておけば，それを逆に使うことによってラプラス逆変換が直ちに求まります．すなわち，表 4.2.1 を，表の右にある関数の逆変換が表の左にある関数であると解釈します．ただし，この表は逆変換を求める目的では使いにくいため，左右を逆にして少し変形したものを表 4.3.1 に載せておきます．この表から，たとえば

$$L^{-1}\left[\frac{1}{(s-a)^n}\right]=\frac{t^{n-1}e^{at}}{(n-1)!}$$

であることがわかります．

次にラプラス逆変換は線形であること，すなわち a と b を定数とすれば

Point

$$L^{-1}[aF(s)+bG(s)]=aL^{-1}[F(s)]+bL^{-1}[G(s)] \tag{4.3.2}$$

が成り立つことを使えば表に載っていないような多くの関数に対してラプラス逆変換を求めることができます．式(4.3.2) は両辺のラプラス変換をとってラプラス変換が線形の演算（式(4.2.1)）であることを用いれば両辺とも $aF(s)+bG(s)$ になることからわかります．

表 **4.3.1**　代表的な関数のラプラス逆変換

$F(s)$	$f(t)=L^{-1}[F]$	$F(s)$	$f(t)=L^{-1}[F]$
$\frac{1}{s}$	1	$\frac{1}{(s-a)^2+\omega^2}$	$\frac{1}{\omega}e^{at}\sin\omega t$
$\frac{1}{s^{n+1}}$	$\frac{t^n}{n!}$	$\frac{s-a}{(s-a)^2+\omega^2}$	$e^{at}\cos\omega t$
$\frac{1}{s-a}$	e^{at}	$\frac{1}{(s+a)(s+b)}$	$\frac{1}{b-a}(e^{-at}-e^{-bt})$
$\frac{1}{s^2+\omega^2}$	$\frac{1}{\omega}\sin\omega t$	$\frac{1}{(s+a)(s^2+b^2)}$	$\frac{1}{a^2+b^2}\left(e^{-at}+\frac{a}{b}\sin bt-\cos bt\right)$
$\frac{s}{s^2+\omega^2}$	$\cos\omega t$	$\frac{s}{(s+a)^2}$	$e^{-at}(1-at)$
$\frac{1}{(s-a)^2}$	te^{at}	$\frac{s}{(s+a)(s+b)^2}$	$-\frac{ae^{-at}}{(a-b)^2}+\left\{\frac{-bt}{a-b}+\frac{a}{(a-b)^2}\right\}e^{-bt}$
$\frac{1}{s^2-a^2}$	$\frac{1}{a}\sinh\ at$	$\frac{1}{(s-a)^n}$	$\frac{t^{n-1}}{(n-1)!}e^{at}$
$\frac{s}{s^2-a^2}$	$\cosh\ at$	$\frac{1}{s}e^{-as}\ (a>0)$	$U(t-a)$
$\frac{s}{(s^2+\omega^2)^2}$	$\frac{t}{2\omega}\sin\omega t$	$e^{-as}\ \ (a>0)$	$\delta(t-a)$
$\frac{s^2-\omega^2}{(s^2+\omega^2)^2}$	$t\cos\omega t$		

以下，この線形性および表 4.3.1 を利用してラプラス逆変換を求める方法を **Example** によって説明します．

Example 4.3.1

次の関数のラプラス逆変換を求めなさい.

(1) $\dfrac{1}{3s+1}$

(2) $\dfrac{1}{(2s-1)^3}$

(3) $\dfrac{1}{s-3}+\dfrac{1}{s^2+4}$

[Answer]

(1) $L^{-1}\left[\dfrac{1}{3s+1}\right]=\dfrac{1}{3}L^{-1}\left[\dfrac{1}{s+1/3}\right]=\dfrac{1}{3}e^{-t/3}$

(2) $L^{-1}\left[\dfrac{1}{(2s-1)^3}\right]=\dfrac{1}{8}L^{-1}\left[\dfrac{1}{(s-1/2)^3}\right]=\dfrac{1}{8}\dfrac{t^{3-1}}{(3-1)!}e^{t/2}=\dfrac{t^2}{16}e^{t/2}$

(3) $$L^{-1}\left[\frac{1}{s-3}+\frac{1}{s^2+4}\right]=L^{-1}\left[\frac{1}{s-3}\right]+\frac{1}{2}L^{-1}\left[\frac{2}{s^2+2^2}\right]$$
$$=e^{3t}+\frac{1}{2}\sin 2t$$

有理関数のラプラス逆変換は次の **Example** に示すように部分分数に分解して求めます.

Example 4.3.2

次の関数のラプラス逆変換を求めなさい.

(1) $\dfrac{1}{s^2-3s+2}$

(2) $\dfrac{s}{s^2-3s+2}$

(3) $\dfrac{s+1}{s(s^2+s-6)}$

[Answer]

(1) $$L^{-1}\left[\frac{1}{s^2-3s+2}\right]=L^{-1}\left[\frac{1}{s-2}-\frac{1}{s-1}\right]$$
$$=L^{-1}\left[\frac{1}{s-2}\right]-L^{-1}\left[\frac{1}{s-1}\right]$$
$$=e^{2t}-e^{t}$$

(2) $$L^{-1}\left[\frac{s}{s^2-3s+2}\right]=L^{-1}\left[\frac{2}{s-2}-\frac{1}{s-1}\right]=2e^{2t}-e^{t}$$

(3) $$\frac{s+1}{s(s^2+s-6)}=\frac{A}{s}+\frac{B}{s-2}+\frac{C}{s+3}$$

とおいて A，B，C を決めると，

$$A=-1/6,\ \ B=3/10,\ \ C=-2/15$$

となります．したがって，

$$L^{-1}\left[\frac{s+1}{s(s^2+s-6)}\right]=-\frac{1}{6}+\frac{3}{10}e^{2t}-\frac{2}{15}e^{-3t}$$

Example 4.3.3

$P(s)$ と $Q(s)$ が m 次および n 次多項式で $m<n$ とします．$Q(s)=0$ が相異なる n 個の根 $a_1,\cdots,a_n$ を持つ場合には

$$L^{-1}\left[\frac{P(s)}{Q(s)}\right]=\sum_{j=1}^{n}\frac{P(a_j)}{Q'(a_j)}e^{a_jt} \tag{4.3.3}$$

が成り立つことを示しなさい（**ヘビサイドの展開定理**）．

[Answer]

$Q(s)=A(s-a_1)\cdots(s-a_n)$ であり，$P(s)$ の次数が $Q(s)$ の次数より小さいため，P/Q は次のように部分分数に分解できます．

$$\frac{P(s)}{Q(s)}=\frac{c_1}{s-a_1}+\cdots+\frac{c_n}{s-a_n}=\sum_{j=1}^{n}\frac{c_j}{s-a_j} \tag{4.3.4}$$

このことは，P/Q を上式の右辺の形に仮定したとき，係数 $c_1,\cdots,c_n$ が実際に決まることで示すことができます．このとき，式(4.3.4) の両辺のラプラス逆変換をとれば

$$L^{-1}\left[\frac{P}{Q}\right]=\sum_{j=1}^{n}c_je^{a_jt} \tag{4.3.5}$$

となります．ただし，

$$L^{-1}\left[\frac{1}{s-a_j}\right]=e^{a_jt}$$

を用いました．以下，式(4.3.4) の c_j を求めるために，式(4.3.4) の両辺に $s-a_k$ をかけた上で $s\to a_k$ とすれば

$$\begin{aligned}\sum_{j=1}^{n}\lim_{s\to a_k}\frac{c_j(s-a_k)}{s-a_j}&=c_k=\lim_{s\to a_k}\frac{P(s)}{Q(s)}(s-a_k)\\&=\lim_{s\to a_k}P(s)\lim_{s\to a_k}\frac{s-a_k}{Q(s)}=P(a_k)\frac{1}{Q'(a_k)}\end{aligned}$$

となります．ただし，最後の等式を導くときはロピタルの定理を用いました．この関係を式(4.3.5) に代入すれば式(4.3.3) が得られます．

Example 4.3.4

次の関数のラプラス逆変換を求めなさい．

$$\frac{s^2+1}{s^3+6s^2+11s+6}$$

[Answer]

$$\frac{s^2+1}{s^3+6s^2+11s+6}=\frac{s^2+1}{(s+1)(s+2)(s+3)}$$

より分母が 0 になるのは，$s=-1$，-2，-3 です．また分母を微分すれば $3s^2+12s+11$ です．したがって，ヘビサイドの展開定理より

$$L^{-1}\left[\frac{s^2+1}{s^3+6s^2+11s+6}\right]$$
$$=\frac{(-1)^2+1}{3(-1)^2+12(-1)+11}e^{-t}+\frac{(-2)^2+1}{3(-2)^2+12(-2)+11}e^{-2t}$$
$$+\frac{(-3)^2+1}{3(-3)^2+12(-3)+11}e^{-3t}$$
$$=e^{-t}-5e^{-2t}+5e^{-3t}$$

ラプラス変換の性質（4.2.2）～（4.2.8）から次のような逆変換の性質が得られますが，これらの公式も逆変換を求めるとき役立ちます．

$$L^{-1}[F(s-a)]=e^{at}f(t) \tag{4.3.6}$$

$$L^{-1}[F(as)]=\frac{1}{a}f\left(\frac{t}{a}\right)\quad (a>0) \tag{4.3.7}$$

$$L^{-1}\left[\frac{d^nF(s)}{ds^n}\right]=(-t)^nf(t) \tag{4.3.8}$$

$$L^{-1}\left[\int_s^{\infty}F(s)ds\right]=\frac{f(t)}{t} \tag{4.3.9}$$

$$L^{-1}\left[\frac{F(s)}{s}\right]=\int_0^t f(\tau)d\tau \tag{4.3.10}$$

ただし，$L^{-1}[F(s)]=f(t)$ としています．

Example 4.3.5

上にあげた性質を利用して次の関数のラプラス逆変換を求めなさい．

(1) $\dfrac{s}{(s^2+a^2)^2}\quad (a>0)$

(2) $\log\dfrac{2s-1}{2s}$

[Answer]

(1) $\dfrac{s}{(s^2+a^2)^2}=\dfrac{d}{ds}\left(-\dfrac{1}{2}\dfrac{1}{s^2+a^2}\right)$

一方，

$$L\left[-\frac{1}{2}\frac{1}{s^2+a^2}\right]=-\frac{1}{2a}\sin at$$

したがって，式(4.3.8) で $n=1$ の式を用いて

$$L^{-1}\left[\frac{d}{ds}\left(-\frac{1}{2}\frac{1}{s^2+a^2}\right)\right]=\frac{t}{2a}\sin at$$

(2) $\log\dfrac{2s-1}{2s}=\log\left(s-\dfrac{1}{2}\right)-\log s=\displaystyle\int_s^\infty\left(\frac{1}{s-1/2}-\frac{1}{s}\right)ds$

一方，

$$L^{-1}\left[\frac{1}{s-1/2}-\frac{1}{s}\right]=e^{t/2}-1$$

であるため，式(4.3.9) から

$$L^{-1}\left[\log\frac{2s-1}{2s}\right]=L^{-1}\left[\int_s^\infty\left(\frac{1}{s-1/2}-\frac{1}{s}\right)ds\right]=\frac{1}{t}(e^{t/2}-1)$$

4.4 定数係数常微分方程式の初期値問題

ラプラス変換，逆変換は定数係数の常微分方程式の初期値問題を解く場合に有効に応用されます．はじめに，例として，2 階微分方程式の初期値問題

$$\frac{d^2x}{dt^2}+4\frac{dx}{dt}-5x=e^{2t},\quad x(0)=0,\quad x'(0)=1$$

を考えます．この問題を解くために微分方程式をラプラス変換してみます．左辺には式(4.2.7)，右辺には表 4.2.1 を用いると

$$\{s^2X-x(0)s-x'(0)\}+4\{sX-x(0)\}-5X=\frac{1}{s-2}$$

となります．ただし，$L[x]=X$ とおいています．ここで初期条件を代入すれば

$$(s^2+4s-5)X=\frac{1}{s-2}+1=\frac{s-1}{s-2}$$

となりますが，これは X に関する 1 次方程式であるので，X について解くことができて

$$X = \frac{1}{(s+5)(s-2)} = \frac{1}{7}\left(\frac{1}{s-2} - \frac{1}{s+5}\right)$$

が得られます．このようにして，ラプラス変換された関数 X が求まったため，もとの関数の関数 x を求めるために X を逆変換します．すなわち

$$x(t) = L^{-1}\left[\frac{1}{7}\left(\frac{1}{s-2} - \frac{1}{s+5}\right)\right] = \frac{1}{7}(e^{2t} - e^{-5t})$$

となります．これが微分方程式の初期条件を満足する解になります．

上述のように定数係数の常微分方程式はラプラス変換すると 1 次方程式になるため簡単に解けます．最終的な解は初期条件を考慮した上で，1 次方程式の解をラプラス逆変換すれば求まります（図 4.4.1）．

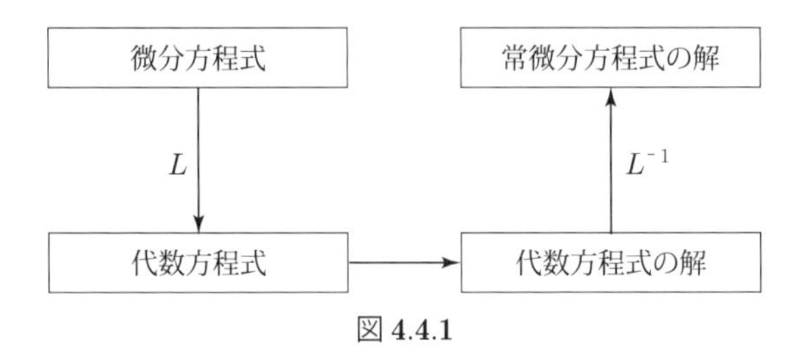

図 **4.4.1**

実際，**定数係数線形 n 階微分方程式**

$$a_0\frac{d^n x}{dt^n} + a_1\frac{d^{n-1}x}{dt^{n-1}} + \cdots + a_{n-1}\frac{dx}{dt} + a_n x = f(t) \tag{4.4.1}$$

をラプラス変換すると

$$a_0\left\{s^n X - s^{n-1}x(+0) - \cdots - sx^{(n-2)}(+0) - x^{(n-1)}(+0)\right\} + \cdots \\ + a_{n-1}\left\{sX - x(+0)\right\} + a_n s = F(s)$$

となります．この式は

$$Z(s) = a_0 s^n + \cdots + a_{n-1}s + a_n \tag{4.4.2}$$

$$G(s) = (a_0 s^{n-1} + \cdots + a_{n-2}s + a_{n-1})x(+0) + \cdots \\ + (a_0 s + a_1)\,x^{(n-2)}(+0) + a_0\,x^{(n-1)}(+0) \tag{4.4.3}$$

とおけば

$$Z(s)X = F(s) + G(s) \tag{4.4.4}$$

すなわち

$$X = \frac{F(s)}{Z(s)} + \frac{G(s)}{Z(s)}$$

と書けます．このとき，右辺第 1 項の形はもとの微分方程式(4.4.1) だけに関係して初期条件には無関係です．一方，右辺第 2 項は微分方程式の左辺と初期条件の両方に依存しますが，微分方程式の右辺の関数 $f(t)$ には依存しません．また，初期条件がすべて 0 であれば $G(s)$ も 0 になります．

式(4.4.4) から

$$x(t) = L^{-1}\left[\frac{F(s)}{Z(s)}\right] + L^{-1}\left[\frac{G(s)}{Z(s)}\right] \tag{4.4.5}$$

が得られます．このとき，式(4.4.5) の右辺第 1 項は，もとの微分方程式で初期条件がすべて 0 であるような解と考えることができます．このような解を**初期静止解**といいます．一方，右辺第 2 項は，与えられた初期条件を満足する同次方程式

$$a_0\frac{d^n x}{dt^n} + a_1\frac{d^{n-1}x}{dt^{n-1}} + \cdots + a_{n-1}\frac{dx}{dt} + a_n x = 0$$

の解と解釈できます．

なお，式(4.4.5) の右辺第 1 項は，合成積を用いると

$$\begin{aligned} L^{-1}\left[\frac{F(s)}{Z(s)}\right] &= L^{-1}\left[F(s)\cdot\frac{1}{Z(s)}\right] \\ &= (L^{-1}[F(s)]) * \left(L^{-1}\left[\frac{1}{Z(s)}\right]\right) \\ &= f(t) * \left(L^{-1}\left[\frac{1}{Z(s)}\right]\right) \end{aligned}$$

となるため，微分方程式の解は

$$x(t) = f(t) * \left(L^{-1}\left[\frac{1}{Z(s)}\right]\right) + L^{-1}\left[\frac{G(s)}{Z(s)}\right] \tag{4.4.6}$$

と書くことができます．

Example 4.4.1

ラプラス変換を利用して次の微分方程式の初期値問題を解きなさい.

$$\frac{d^3x}{dt^3}+\frac{d^2x}{dt^2}=t,\quad x(0)=1,\quad x'(0)=-1,\quad x''(0)=0$$

[Answer]

微分方程式をラプラス変換して初期条件を考慮すれば

$$(s^3X-s^2+s)+(s^2X-s+1)=\frac{1}{s^2}$$

したがって,

$$s^2(s+1)X=\frac{1}{s^2}+s^2-1=s^2+\frac{1-s^2}{s^2}$$

より

$$X=\frac{1}{s+1}+\frac{1-s^2}{s^4(s+1)}=\frac{1}{s+1}+\frac{1-s}{s^4}=\frac{1}{s+1}+\frac{1}{s^4}-\frac{1}{s^3}$$

ゆえに

$$x=L^{-1}\left[\frac{1}{s+1}+\frac{1}{s^4}-\frac{1}{s^3}\right]=e^{-t}+\frac{t^3}{6}-\frac{t^2}{2}$$

Example 4.4.2

公式(4.4.6) を利用して初期値問題を解きなさい.

$$\frac{d^2x}{dt^2}+x=e^{-t^2},\quad x(+0)=x'(+0)=0$$

[Answer]

初期条件から，式(4.4.6) において $G(s)=0$ となります．また微分方程式から $Z(s)=s^2+1$ です．したがって，式(4.4.6) から

$$x(t)=e^{-t^2}*L^{-1}\left[\frac{1}{s^2+1}\right]=e^{-t^2}*\sin t=\int_0^t e^{-\tau^2}\sin(t-\tau)d\tau$$

次の **Example** に示すように，定数係数の連立微分方程式の初期値問題に対してもラプラス変換が応用できます．ただし，初期条件によって解をもたないこともあるため，解が得られたあとでもう一度もとの連立方程式を満足するかどうかを確かめる必要があります．

Example 4.4.3

次の連立微分方程式を初期条件 $x(+0)=1$，$y(+0)=1$ のもとで解いて $x(t)$ と $y(t)$ を求めなさい．

$$\frac{dx}{dt}+x-y=e^t, \qquad \frac{dy}{dt}+3x-2y=2e^t$$

[Answer]

微分方程式をラプラス変換して $L[x]=X$，$L[y]=Y$ とおくと

$$(sX-1)+X-Y=\frac{1}{s-1}$$

$$(sY-1)+3X-2Y=\frac{2}{s-1}$$

したがって

$$(s+1)X-Y=\frac{s}{s-1}$$

$$3X+(s-2)Y=\frac{s+1}{s-1}$$

となります．この方程式を X について解けば

$$X=\frac{s^2-s+1}{(s-1)(s^2-s+1)}=\frac{1}{s-1}$$

となるため，逆変換して

$$x=e^t$$

y は第 1 式から $y=x'+x-e^t$ となるため，これにここで求めた x を代入して

$$y=e^t$$

なお，この x と y は第 2 式を満足することが確かめられます．

Problems　　Chapter 4

1. 次の関数のラプラス変換を求めなさい.

 (a) $\sin(at+b)$

 (b) $\sinh^2 at$

 (c) $e^t(2\sin t - 5\cos 2t)$

 (d) $f(t) = \begin{cases} 0 \ (0 < t < 1) \\ 1 \ (1 \leqq t \leqq 2) \\ 0 \ (2 < t) \end{cases}$

2. 次の関数のラプラス逆変換を求めなさい.

 (a) $\dfrac{s-a}{(s-b)^2}$

 (b) $\dfrac{s+1}{(s+2)(s-3)(s+4)}$

 (c) $\dfrac{1}{s^2(s^2-9)}$

 (d) $\dfrac{1}{s^4-a^4}$

3. 次の常微分方程式の初期値問題の解をラプラス変換を用いて求めなさい.

 (a) $x'' + 2x' + x = te^{-2t}; \quad x(0) = 0, \quad x'(0) = 1$

 (b) $x'' - 3x' + 2x = e^{4t}\sin t; \quad x(0) = 1/2, \quad x'(0) = 1/2$

 (c) $\begin{cases} x' - 3y' + 2y = 0 \\ x' + 4x - 5y' = 0 \end{cases}$

 $x(0) = 4, \quad y(0) = 1$

4. 常微分方程式の境界値問題

$$x'' + 4x' + 8x = 0\,,\quad x\,(0) = 1\,,\quad x'\,(\pi/2) = e^{-\pi}$$

の解をラプラス変換を用いて次の順序で求めなさい.

(a) $x'\,(\pi/2) = e^{-\pi}$という条件は考えず, $x'\,(0) = c$と仮定して常微分方程式の初期値問題をラプラス変換を用いて解き, 解を c を含んだ式で表しなさい.

(b) $x'\,(\pi/2) = e^{-\pi}$という条件を用いて c を決定して, もとの問題の解を求めなさい.

5. 次の方程式の初期値問題をラプラス変換を用いて求めなさい.

$$x'\,(t) + 4x\,(t) + 3\int_0^t x\,(\tau)\,d\tau = e^t\,,\quad x\,(0) = 1$$

Appendix A

変数分離法による解法

図 A.1.1 に示すように長さ 1 の針金を考え，両端を常に温度 0 に保った状態を考えます．このとき，初期の針金の温度分布を $f(x)$ で与えた場合の，熱伝導方程式の解を求めることにします．ただし，簡単のため熱伝導係数は 1 にとります．この問題は数学的には

$$\frac{\partial u}{\partial t} = \frac{\partial^2 u}{\partial x^2} \quad (0 < x < 1, t > 0) \tag{A.1.1}$$

$$\text{境界条件：} u(0,t) = u(1,t) = 0, (t > 0) \tag{A.1.2}$$

$$\text{初期条件：} u(x,0) = f(x), (0 < x < 1) \tag{A.1.3}$$

を解くことになります．このような偏微分方程式の初期値・境界値問題を解く強力な方法に**変数分離法**があります．以下，この問題を用いて変数分離法を説明します．

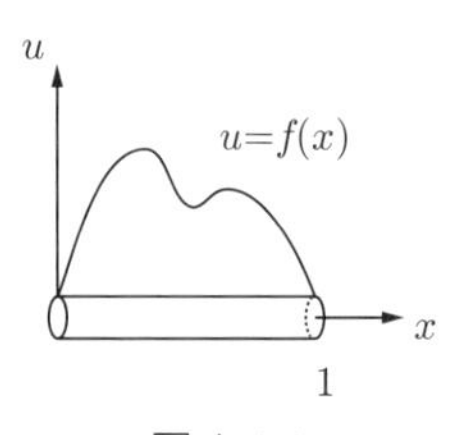

図 A.1.1

解は x と t の関数ですが，特に x だけの関数 $X(x)$ と t だけの関数 $T(t)$ の積の形に書けると仮定します．すなわち

$$u(x,t) = X(x)T(t) \tag{A.1.4}$$

とおきます．これをもとの偏微分方程式に代入すれば，左辺は t に関する微分であるため，$X(x)$ は定数と見なせ，同様に右辺は x に関する微分であるため，$T(t)$ は定数と見なせるので，

$$X(x)\frac{dT}{dt} = T(t)\frac{d^2X}{dx^2}$$

となります．この式の両辺を XT で割ると

$$\frac{1}{T}\frac{dT}{dt} = \frac{1}{X}\frac{d^2X}{dx^2} = C$$

となります．ただし，左辺は t だけの関数，右辺は x だけの関数であるため，式の値は x にも t にも依存しない定数(分離の定数)であり，C とおいています．したがって，２つの常微分方程式

$$\frac{d^2X}{dx^2} = CX \tag{A.1.5}$$

$$\frac{dT}{dt} = CT \tag{A.1.6}$$

が得られます．

次に X に関する方程式を境界条件を考慮して解いてみます．境界条件は t によらずに x だけに関する条件で，式(A.1.2) から

$$x(0) = 0, \quad x(1) = 0 \tag{A.1.7}$$

となります．まずこの条件のもとで式(A.1.5) を解きます．

式(A.1.5) は C の正負により解の形が異なります．まず，$C > 0$ ならば A, B を任意定数として

$$X(x) = Ae^{\sqrt{C}x} + Be^{-\sqrt{C}x}$$

となります．境界条件から

$$X(0) = A + B = 0$$

$$X(1) = Ae^{\sqrt{C}} + Be^{-\sqrt{C}} = 0$$

ですが，これを満足するのは $A = B = 0$ のときに限られます．したがって，$X(x) = 0$ という自明の解しか得られません．

次に $C = 0$ のときは，２回積分することにより

$$X(x) = Ax + B$$

となります．境界条件を課すとこの場合も $A = B = 0$ となり $X(x) = 0$ という解しか得られません．

最後に $C<0$ の場合を考えます．このとき，一般解は

$$X(x) = A\sin(\sqrt{-C}x) + B\cos(\sqrt{-C}x)$$

となります．$x=0$ における境界条件から，$B=0$ です．次に $x=1$ における境界条件および $B=0$ から

$$X(1) = A\sin(\sqrt{-C}) = 0$$

となります．$A=0$ ならば前と同様に $X=0$ ですが，それ以外に $C=-(n\pi)^2$ であれば $A\neq 0$ であっても境界条件を満足し，自明でない解

$$X(x) = A\sin n\pi x \tag{A.1.8}$$

が得られます．このように，境界条件を満足する解は任意の分離の定数に対して存在するわけではなく，特定の C の値（今の場合は離散的な値）に対してのみ存在します．境界条件によって決まるこのような特定の値を**固有値**といいます．またこの固有値に対する解を**固有関数**といいます．この定義から式（A.1.8）が固有関数であることがわかります．T に関する方程式の解を固有値を使って表せば

$$T(t) = De^{-n^2\pi^2 t} \tag{A.1.9}$$

となります．したがって，解の候補のひとつとして

$$u(x,t) = A_n e^{-n^2\pi^2 t}\sin n\pi x \quad (A_n = AD) \tag{A.1.10}$$

が得られますが，これは一般に初期条件 $u(x,0)=f(x)$ を満たしません．

ここで以下のことに注意します．すなわち，式(A.1.10）は n の値によってそれぞれ異なった関数ですが，これらを足し合わせたものも微分方程式と境界条件および初期条件を満足します．したがって，

$$u(x,t) = \sum_{n=1}^{\infty} A_n e^{-n^2\pi^2 t}\sin n\pi x \tag{A.1.11}$$

も解の候補になります．そこで，この式に $t=0$ を代入して初期条件を考慮すれば

$$u(x,0) = f(x) = \sum_{n=1}^{\infty} A_n \sin n\pi x \tag{A.1.12}$$

となります．この式から係数 A_n がもとまれば，解が得られます．一方，フーリエ展開を思いだせば，A_n は $f(x)$ を区間 $[0,1]$ でフーリエ正弦展開したとき

の係数になっています．すなわち，

$$A_n = 2\int_0^1 f(\xi)\sin n\pi\xi d\xi \tag{A.1.13}$$

です．最終的な答えはこれを式(A.1.12) に代入したものであり

$$u(x,t) = 2\sum_{n=1}^{\infty}\left(\int_0^1 f(\xi)\sin n\pi\xi d\xi\right)e^{-n^2\pi^2 t}\sin n\pi x \tag{A.1.14}$$

となります．ただし，右辺の級数は収束するものとしています．

Example A.1.1

上で取り上げた問題で，

(1) $f(x) = 2\sin 2\pi x - 3\sin 3\pi x$

(2) $f(x) = \begin{cases} x \ \ (0 \leq x \leq 1/2) \\ 1-x \ \ (1/2 \leq x \leq 1) \end{cases}$

のときの解を求めなさい．

[Answer]

(1) 係数を比較します．すなわち

$$u(x,0) = f(x) = \sum_{n=1}^{\infty} A_n \sin n\pi x = 2\sin 2\pi x - 3\sin 3\pi x$$

より，$A_1 = 0$，$A_2 = 2$，$A_3 = -3$，$A_n = 0$；$n = 4, 5, \cdots$です．したがって

$$u(x,t) = 2e^{-4\pi^2 t}\sin 2\pi x - 3e^{-9\pi^2 t}\sin 3\pi x$$

となります．

(2) 式(A.1.13) を計算します．すなわち，

$$\int_0^1 f(\xi)\sin n\pi\xi d\xi = \int_0^{1/2}\xi\sin n\pi\xi d\xi + \int_{1/2}^1 (1-\xi)\sin n\pi\xi d\xi$$

$$= \frac{4}{\pi^2}\frac{1}{n^2}\sin\left(\frac{n\pi}{2}\right)$$

となります．したがって，

$$u(x,t) = \frac{8}{\pi^2}\sum_{n=1}^{\infty}\left(\frac{1}{n^2}\sin\left(\frac{n\pi}{2}\right)\right)e^{-n^2\pi^2 t}\sin n\pi x$$

変数分離法の手順をまとめると次のようになります.

Point

(1) 解を x だけの関数と t だけの関数の積の形に仮定してもとの偏微分方程式に代入する. 変数が分離される場合には2つの常微分方程式が得られる.

(2) 1つの常微分方程式を境界条件を考慮して解く. この場合, 固有値と固有関数が求まる. 固有値を用いてもうひとつの方程式を, 境界(初期) 条件の一部を用いて解く.

(3) 解を重ね合わせて, 残りの境界 (初期) 条件を満たすように未知の係数をもとめる.

上述の問題において右の境界を無限遠まで延ばしたとき, 解はどうなるかを考えてみます. 数学的にはこの問題は, 以下のようになります.

$$\frac{\partial u}{\partial t} = \frac{\partial^2 u}{\partial x^2} \quad (x > 0, t > 0) \tag{A.1.15}$$

境界条件：$u(0,t) = 0 \quad (t > 0)$　(A.1.16)

初期条件：$u(x,0) = f(x) \quad (x > 0)$　(A.1.17)

遠方での境界条件は課しませんが, もちろん解は全区間で有界とします. 上の問題と同じく $u(x,t) = X(x)T(t)$ とおいて変数分離法で解くと, 式(A.1.5), (A.1.6) と同一の2つの常微分方程式が得られます. t に関する方程式を解くと一般解は

$$T(t) = De^{Ct}$$

となりますが, $t > 0$ で解が有界なので, C は負になります. そこで $C = -\lambda^2$ (ただし $\lambda > 0$) とおいてみます. このとき, X に関する方程式の一般解は

$$X(x) = A\sin\lambda x + B\cos\lambda x$$

ですが, $X(0) = 0$ という境界条件を満たす必要があるため, $B = 0$ となります. したがって, 解の候補のひとつとして

$$u(x,t) = D_\lambda e^{-\lambda^2 t}\sin\lambda x \tag{A.1.18}$$

が得られます. しかし, この解も $t = 0$ での初期条件は満足しません. そこで

解を重ね合わせてみます．有限長の針金の場合には $X(1) = 0$ という境界条件から固有値はとびとびの値であったため，重ね合わせは総和の形になりました．一方，この問題では固有値にはそういった制限はなく連続的な値をとります．したがって，総和は積分の形となり

$$U(x,t) = \int_0^\infty D(\lambda)e^{-\lambda^2 t}\sin\lambda x d\lambda \tag{A.1.19}$$

と表せます．ただし，係数 D_λ は λ の値によって異なってよいため，λ の関数とみなして $D(\lambda)$ と記しています．この解が初期条件を満足するため，

$$U(x,0) = f(x) = \int_0^\infty D(\lambda)\sin\lambda x d\lambda$$

が成り立ちます．この式は $\sqrt{\pi/2}D$ の逆フーリエ正弦変換が f であることを意味するため式(3.2.9)，式(3.2.10）から

$$\sqrt{\frac{\pi}{2}}D(\lambda) = \sqrt{\frac{2}{\pi}}\int_0^\infty f(x)\sin\lambda x dx$$

$$D(\lambda) = \frac{2}{\pi}\int_0^\infty f(\xi)\sin\lambda\xi d\xi \tag{A.1.20}$$

となります．解はこの式を式(A.1.19）に代入したもので

$$u(x,t) = \frac{2}{\pi}\int_0^\infty \left(\int_0^\infty f(\xi)\sin\lambda\xi d\xi\right) e^{-\lambda^2 t}\sin\lambda x d\lambda \tag{A.1.21}$$

となります．

Example A.1.2

$$f(x) = 1 \;\; (0 \le x \le 1), \quad f(x) = 0 \;\; (x > 1)$$

のときの解をもとめなさい．

[Answer]

$$D(\lambda) = \frac{2}{\pi}\int_0^\infty f(\xi)\sin\lambda\xi d\xi = \frac{2}{\pi}\int_0^1 \sin\lambda\xi d\xi = \frac{2}{\pi}\frac{1-\cos\lambda}{\lambda}$$

となります．したがって解は

$$u(x,t) = \frac{2}{\pi}\int_0^\infty \frac{1-\cos\lambda}{\lambda}e^{-\lambda^2 t}\sin\lambda x d\lambda$$

Appendix B

直交関数系と一般のフーリエ展開

いままでは，ある関数を三角関数の和で表しましたが，本節では三角関数だけではなく**直交関数**とよばれる関数を用いて，その和によって関数を表すことを考えます．

はじめに**関数列**について述べます．自然数 $1, 2, 3, \cdots$ に対して数字の列 $a_1, a_2, a_3, \cdots$ が定められているとき，この数字の列を**数列**とよび，$\{a_n\}$ などの記号で表しました．これと同様に，自然数 $1, 2, 3, \cdots$ に対して関数の列 $\varphi_1(x)$，$\varphi_2(x)$，$\varphi_3(x), \cdots$ が定められているとき，この関数の列を関数列とよび，$\{\varphi_n(x)\}$ などの記号で表します．たとえば，

$$\sin nx : \sin x, \sin 2x, \cdots, \sin nx, \cdots \tag{B.1.1}$$

$$e^{i(n-1)x} : 1(= e^{i0x}), e^{ix}, e^{2x}, \cdots, e^{i(n-1)x}, \cdots \tag{B.1.2}$$

は関数列であり，また適当に順番をつけることにすれば

$$1, \cos x, \sin x, \cos 2x, \sin 2x, \cdots \tag{B.1.3}$$

も関数列になります．

次に直交関数列について説明しますが，その前に関数が直交するということの定義を述べます．いま，2 つの関数 f と g に対して，その定義域内の区間 $[a, b]$ における定積分

$$(f, g) = \int_a^b f(x)\overline{g}(x)dx \tag{B.1.4}$$

を関数 f，g の区間 $[a, b]$ における**内積**とよび左辺の記号で表します．ここで $\overline{g}$ は g が複素数値をとる場合には共役複素数を表しますが，実数値の関数の場合は g と同じです．

内積には以下の性質があることは定義からすぐに確かめられます．

$$\begin{aligned} &(f, g) = \overline{(g, f)} \\ &(a_1 f_1 + a_2 f_2, g) = a_1(f_1, g) + a_2(f_2, g) \quad (a_1,\ a_2 \text{ は定数 }) \end{aligned} \tag{B.1.5}$$

あるいは一般化して次式が成り立ちます．

Point

$$\left(\sum_{i=1}^{n} a_i f_i, g\right) = \sum_{i=1}^{n} a_i (f_i, g) \quad (a_i \text{ は定数 }) \tag{B.1.6}$$

すなわち，内積は線形の演算になっています．

$(f,g) = 0$ のとき f と g は区間 $[a,b]$ で**直交**するといいます．さらに，f と g は直交していなくても，ある正の値をとる関数 $\rho(x)$ に対して

$$\int_a^b f(x)\overline{g}(x)\rho(x)dx = 0 \tag{B.1.7}$$

が成り立つとき，f と g は区間 $[a,b]$ において ρ を**重み関数**として直交するといいます．

関数列 $\varphi_n(x)$ に含まれる任意の 2 つの関数に対して，

$$\int_a^b \varphi_m(x)\overline{\varphi_n}(x)dx = 0 \quad (m \neq n)$$

$$\int_a^b \varphi_m(x)\overline{\varphi_m}(x)dx = A$$

であるならば，この関数列は（区間 $[a,b]$ において）**直交関数列**であるといいます．特に $A = 1$ のとき，正規直交関数列といいます．

たとえば，正弦関数の列 $\sin nx$ は

$$\int_0^{\pi} \sin mx \sin nx dx = -\frac{1}{2}\int_0^{\pi} \big(\cos(m+n)x - \cos(m-n)x\big)dx = 0$$

$$\int_0^{\pi} \sin^2 mx dx = \frac{1}{2}\int_0^{\pi}(1-\cos 2mx)dx = \frac{\pi}{2}$$

であるため，区間 $[0,\pi]$ で直交します．また複素数の指数関数列 e^{inx} は

$$\int_{-\pi}^{\pi} e^{imx}\overline{e^{inx}}dx = \int_{-\pi}^{\pi} e^{i(m-n)x}dx = \left[\frac{1}{i(m-n)}e^{i(m-n)x}\right]_{-\pi}^{\pi} = 0 \quad (m \neq n)$$

$$\int_{-\pi}^{\pi} e^{imx}\overline{e^{imx}}dx = \int_{-\pi}^{\pi} dx = 2\pi$$

であるため区間 $[-\pi,\pi]$ で直交します．

フーリエ級数ではある関数を三角関数の和で表しましたが，sin や cos の係数を決めるとき三角関数の直交性を利用しました．同様に考えて，関数 $f(x)$ を一般の直交関数列 $\{\varphi_n(x)\}$ の和で表してみます．すなわち，

$$f(x) \sim \sum_{n=1}^{\infty} a_n \varphi_n(x) = a_1\varphi_1(x) + a_2\varphi_2(x) + \cdots + a_n\varphi_n(x) + \cdots \tag{B.1.8}$$

と書いて係数を決めることを考えます．この式の右辺を**一般フーリエ級数**といいます．そのため，式(B.1.8）と $\varphi_m(x)$ との内積を計算すると，（右辺が収束して項別積分が可能であるとして）

$$(f, \varphi_m) = a_1(\varphi_1, \varphi_m) + a_2(\varphi_2, \varphi_m) + \cdots + a_n(\varphi_n, \varphi_m) + \cdots$$

となります．直交性から，この式の右辺で 0 にならないのは (φ_m, φ_m) をもつ項だけなので

$$(f, \varphi_m) = a_m(\varphi_m, \varphi_m)$$

すなわち

$$a_m = \frac{(f, \varphi_m)}{(\varphi_m, \varphi_m)}, \quad \text{または} \quad a_n = \frac{(f, \varphi_n)}{(\varphi_n, \varphi_n)}$$

のように係数が決まります．したがって

$$f(x) \sim \sum_{n=1}^{\infty} \frac{(f, \varphi_n)}{(\varphi_n, \varphi_n)} \varphi_n(x) \tag{B.1.9}$$

となります．なお，内積を計算する場合の積分区間 $[a,b]$ としては直交性が成り立つ区間（sin の場合であれば $[0,\pi]$）を選ぶ必要があります．

式(B.1.9）は，フーリエ展開と同じく，もし関数が直交関数系 $\{\varphi_n\}$ で展開できたとき，このような形になるという式であり，そのため～という記号を使っています．また，暗黙のうちに項別積分ができると仮定しています．したがって，フーリエ級数のときと同じく右辺の収束については別途考える必要があります．

以下，直交関数列 $\{\varphi_n\}$ は $(\varphi_n, \varphi_n) = 1$ を満たす，すなわち正規直交関数列とします．たとえ $\{\varphi_n\}$ が正規直交関数列でなくても，$(\varphi_n, \varphi_n) = A$ としたとき $\{\varphi_n/\sqrt{A}\}$ で新しい関数列を定義すれば正規直交関数列になるため，直交関数列を正規直交関数列と考えても一般性を失ないません．

いま，ある係数 c_n を用いて有限項の級数 $\sum_{n=1}^{N} c_n\varphi_n$ をつくって f を近似したとします．この和は f と異なるため誤差があります．この誤差は場所の関数であるため，誤差の尺度として平均 2 乗誤差

$$E_N = \int_a^b \left| f - \sum_{n=1}^{N} c_n\varphi_n \right|^2 dx = \left(f - \sum_{n=1}^{N} c_n\varphi_n, f - \sum_{n=1}^{N} c_n\varphi_n \right)$$

を利用します．右辺を展開して計算すれば

$$\begin{aligned} E_N =& (f,f) - \sum_{n=1}^{N} \overline{c_n}(f,\varphi_n) - \sum_{n=1}^{N} c_n(\varphi_n, f) + \sum_{n=1}^{N}\sum_{m=1}^{N} c_n\overline{c_m}(\varphi_n,\varphi_m) \\ =& (f,f) - \sum_{n=1}^{N} \overline{c_n}(f,\varphi_n) - \sum_{n=1}^{N} c_n\overline{(f,\varphi_n)} + \sum_{n=1}^{N} c_n\overline{c_n} = 0 \\ =& (f,f) - \sum_{n=1}^{N} |(f,\varphi_n)|^2 + \sum_{n=1}^{N} |(f,\varphi_n) - c_n|^2 \end{aligned}$$

となります．したがって，$c_n = (f, \varphi_n)$ ととったとき E_n は最小になります．このことは，係数として一般フーリエ級数の係数を用いたとき平均 2 乗誤差は最小になることを意味しています．

さらに，$c_n = (f,\varphi_n)$ にとった場合は $E_N \geqq 0$ であるため

$$\sum_{n=1}^{N} |(f,\varphi_n)|^2 \leqq (f,f)$$

ですが，N は任意であるため

$$\sum_{n=1}^{\infty} |(f,\varphi_n)|^2 \leqq (f,f) \tag{B.1.10}$$

となります．これを**ベッセルの不等式**といいます．ここで，等式が成り立つとき，すなわち

$$\sum_{n=1}^{\infty} |(f,\varphi_n)|^2 = (f,f) \tag{B.1.11}$$

（**パーセバルの等式**）が成り立つとき，正規関数列は**完全**であるといいます．完全であれば

$$\left(f(x)-\sum_{n=1}^{\infty}(f,\varphi_n)\varphi_n(x), f(x)-\sum_{n=1}^{\infty}(f,\varphi_n)\varphi_n(x)\right)$$
$$=(f,f)-\sum_{n=1}^{\infty}|(f,\varphi_n)|^2=0$$

であるため

$$f(x)=\sum_{n=1}^{\infty}(f,\varphi_n)\varphi_n(x) \tag{B.1.12}$$

が成り立つといえます.

なお，正規直交関数系の完全性を証明することはかなり高度になるため本書では省略します.

Appendix C

離散フーリエ変換

時系列のデータをいろいろな周波数成分に分けて考えたり，空間的に存在する波を波長の異なる波の重ね合わせとみなしたとき，各周波数成分や波長成分がどれだけの強さをもっているかを知りたいことがしばしばあります．離散フーリエ変換とよばれる計算法はこのような目的に用いられます．またこの計算法は離散データに対する三角関数（複素数の指数関数）を用いた補間法と見なすこともできます．

本節では**離散フーリエ変換**について簡単に述べます．フーリエ変換とは 3 章で述べたように実関数 $f(x)$ に対する次の無限区間での定積分

$$F(u)=\int_{-\infty}^{\infty}f(x)e^{-2i\pi ux}dx \tag{C.1.1}$$

を指します．被積分関数はパラメータ u を含み積分結果は u を含むためそれを $F(u)$ で表しています．オイラーの公式

$$e^{i\theta}=\cos\theta+i\sin\theta \tag{C.1.2}$$

を用いて実部と虚部に分ければ

$$F(u)=\int_{-\infty}^{\infty}f(x)\cos(2\pi ux)dx-i\int_{-\infty}^{\infty}f(x)\sin(2\pi ux)dx \tag{C.1.3}$$

となりますが，実数部をフーリエ余弦変換，虚数部をフーリエ正弦変換とよびました．

いま $f(x)$ が実数 T に対して区間 $[0,T]$ に対してだけ 0 でなければ，無限区間での積分は有限区間での積分

$$F(u)=\int_{0}^{T}f(x)e^{-2i\pi ux}dx$$

になりますが，この積分を u の数値が既知であるとして，区間を n 等分して

台形公式[*1]で求めてみます．このとき $x_j = Tj/n\ (j = 0, 1, \cdots, n-1)$ とすれば

$$F(u) = \frac{T}{n} \sum_{j=0}^{n-1} f(x_j) \exp\left(-i2\pi u \frac{T}{n} j\right)$$

となります．特に u として $u_k = k/T\ (k = 0, 1, \cdots, n-1)$ とすれば，上式は

$$F(u_k) = \frac{T}{n} \sum_{j=0}^{n-1} f(x_j) \exp\left(-i\frac{2\pi k}{n} j\right) = \frac{T}{n} \sum_{j=0}^{n-1} f(x_j) w^{kj} \tag{C.1.4}$$

ただし

$$w^{kj} = \exp\left(-i\frac{2\pi kj}{n}\right)\ (k = 0, 1, \cdots, n-1) \tag{C.1.5}$$

となります．式(C.1.4) から係数 T/n を除いた式を f の離散フーリエ変換とよび $\phi(u_k)$ で表します．すなわち

$$\phi(u_k) = \sum_{j=0}^{n-1} f(x_j) w^{kj}\ (k = 0, 1, \cdots, n-1) \tag{C.1.6}$$

あるいは，$\phi(u_k) = \phi_k$，$f(x_j) = f_j$ と記せば，

$$\begin{bmatrix} \phi_0 \\ \phi_1 \\ \vdots \\ \phi_{n-1} \end{bmatrix} = \begin{bmatrix} w^{00} & w^{01} & \cdots & w^{0n-1} \\ w^{10} & w^{11} & \cdots & w^{1n-1} \\ \vdots & \vdots & \vdots & \vdots \\ w^{n-10} & w^{n-11} & \cdots & w^{n-1n-1} \end{bmatrix} \begin{bmatrix} f_0 \\ f_1 \\ \vdots \\ f_{n-1} \end{bmatrix} \tag{C.1.7}$$

となります．

このように離散フーリエ変換を行う場合，w^{jk} が与えられれば n^2 回の計算（かけ算）が必要になります．離散離散フーリエ変換は画像処理などディジタル信号を処理する場合に必須の手続きになりますが，n が大きい場合には演算量が

＊1　定積分（面積）を計算するとき，小さな台形の集まりとみなし台形の和で近似する方法．すなわち

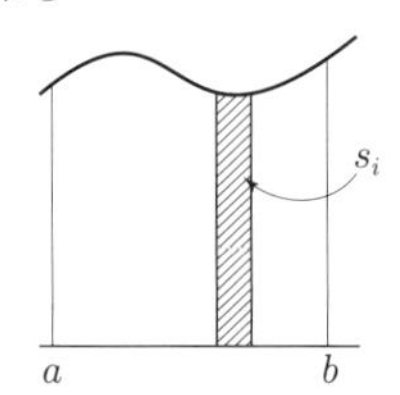

$$\int_a^b f(x)dx = \sum_i S_i\ （S_i\ は台形の面積）$$

多くなります．そのような場合に演算量を $n\log n$ に減らす計算法が知られており**高速フーリエ変換**（FFT）とよばれています．

FFT とは簡単にいえば三角関数の周期性を利用して演算回数を減らす方法です．たとえば，線形計算

$$a_1x_1 + a_2x_2 + \cdots + a_nx_n$$

には n 回のかけ算が必要ですが，もし係数 $a_1, \cdots, a_n$ がすべて等しければ（$=a$ とおきます）

$$a(x_1 + x_2 + \cdots + x_n)$$

となり，かけ算は 1 回ですみます．また n が偶数（$=2m$）で係数に $n/2=m$ の周期性があれば，すなわち $a_i = a_{i+m}, (i = 1, 2, \cdots, m)$ であれば

$$a_1(x_1 + x_{1+m}) + a_2(x_2 + x_{2+m}) + \cdots + a_m(x_m + x_{m+m})$$

かけ算は $m = n/2$ 回になります．FFT でもこのようなことを利用します．

式(C.1.6) すなわち離散フーリエ変換では

$$\phi(u_k) = C_k = \sum_{j=0}^{n-1} f_j \exp\left(-\frac{2\pi i}{n}kj\right) \quad (k = 1 \sim n) \tag{C.1.8}$$

を計算します．話を簡単にするため，$n = 16$ としてみます．普通に計算すると $n^2 = 16 \times 16 = 256$ 回かけ算が必要です．一方，$n = 2 \times 8$ となるため，式(C.1.8) の j, k を

$$j = 2s + r, \quad 0 \le r < 2, \quad 0 \le s < 8$$
$$k = 8p + q, \quad 0 \le q < 8, \quad 0 \le p < 2$$

と表すことができます．このとき，式(C.1.8) は

$$C_{8p+q} = \sum_{r=0}^{1}\sum_{s=0}^{7} f_{2s+r} \exp\left(-\frac{2\pi i}{16}(8p+q)(2s+r)\right) \tag{C.1.9}$$

となります．式(C.1.9) の指数関数部分を取り出して計算すると

$$\begin{aligned}\exp\left(-\frac{2\pi i}{16}(8p+q)(2s+r)\right) &= \exp\left(-2\pi i\left(ps + \frac{pr}{2} + \frac{qs}{8} + \frac{qr}{16}\right)\right)\\ &= \exp\left(-2\pi i\left(\frac{pr}{2} + \frac{qs}{8} + \frac{qr}{16}\right)\right)\end{aligned}$$

となります．ここで指数関数（三角関数）の周期性により ps の項が不要にな

ることに注意します．したがって，式(C.1.9) は

$$C_{8p+q} = \sum_{r=0}^{1} \exp\left(-\frac{2\pi i}{2}pr\right)\left(\sum_{s=0}^{7} f_{2s+r} \exp\left(-\frac{2\pi i}{8}q\left(s+\frac{r}{2}\right)\right)\right) \tag{C.1.10}$$

と書き換えることができます．式(C.1.10) の s に関する総和の項は，q と r を決めれば総和が計算できます．その値は q,r によって異なるため，$F(q,r)$ と記すことにします．すなわち

$$F(q,r) = \sum_{s=0}^{7} f_{2s+r} \exp\left(-\frac{2\pi i}{8}q\left(s+\frac{r}{2}\right)\right) \tag{C.1.11}$$

と定義します．式(C.1.11) の総和には 8 項あるため 8 回のかけ算が必要です．また, q は 8 とおり, r は 2 とおりあるため, $F(q,r)$ は 16 種類あり, すべての q, r に対する計算には $8 \times 16 = 8 \times 8 \times 2 = 128$ 回のかけ算が必要になります．

式(C.1.10) は $F(q,r)$ を用いれば

$$C_{8p+q} = \sum_{r=0}^{1} \exp\left(-\frac{2\pi i}{2}pr\right) F(q,r) \tag{C.1.12}$$

となりますが，$F(q,r)$ の値がすべて計算されて記憶されているとき，p,q を 1 組指定して r に関する総和を計算する場合には 2 回のかけ算が必要です．この計算を p について 2 とおり，q について 8 とおり行うため，16 種類ある C_{8p+q} の計算には合計 $2 \times 16 = 2 \times 2 \times 8 = 32$ 回のかけ算が必要です．

結局，16 種類ある式(C.1.11) の計算に 128 回，16 種類ある式(C.1.12) の計算に 32 回，合計 160 回のかけ算で離散フーリエ変換の係数 $C_{8p+q}(0 \leq p < 2, 0 \leq q < 8)$ がすべて計算できることになります．これは普通に計算した場合の 256 回に比べて少なくなっています．

このようなことが可能であったのは，普通に計算した場合には p,q,r,s すべてに依存する計算が，式(C.1.9) の形に書けたために，q,r,s だけが依存する式(C.1.9) の内側の総和（s に関するもの）の計算と，p,q,r だけに依存する式(C.1.9) の外側の総和（r に関するもの）の計算に分離できたからです．このことはもとにもどれば三角関数の周期性により ps に関する項が消えたためです．

一般に $n=n_1n_2$ と分解できた場合には，上のように計算することによりかけ算は n^2 から $n_1n_2n_1+n_2n_1n_2=n(n_1+n_2)$ に減らすことができます．

次に式(C.1.9) の内側の総和に着目して次のように変形します．

$$F(q,r)=\sum_{s=0}^{7} f_{2s+r}\exp\left(-\frac{2\pi i}{8}q\left(s+\frac{r}{2}\right)\right)$$
$$=\sum_{s=0}^{7}\left\{f_{2s+r}\exp\left(-\frac{2\pi i}{16}qr\right)\right\}\exp\left(-\frac{2\pi i}{8}qs\right)$$

この式で最終式の $\{\cdots\}$ は q,r を指定すれば s だけに依存するため，それを $G_s(q,r)$ と記せば，上式は

$$F(q,r)=\sum_{s=0}^{7} G_s(q,r)\exp\left(-\frac{2\pi i}{8}qs\right) \tag{C.1.13}$$

と書けます．この式は式(C.1.8) と同じ形をしています．そこでこの式を計算する場合にも，項数 8 を例えば 2×4 と考えて，前述の計算法を用いれば，8×8 のかけ算の数を $8\times(2+4)$ に減らすことができます．

一般にこの計算法を用いる場合，項数 n が $n=n_1n_2\cdots n_m$ と分解できればかけ算の数は

$$n(n_1+n_2+\cdots+n_m)$$

となります．そこで $n=2^m$ の場合には $n_1=\cdots=n_m=2$ ととれば

$$n(2+2+\cdots+2)=2nm=2n\log_2 n \tag{C.1.14}$$

となります．一方，基数 2 の変換行列は

$$\begin{bmatrix} 1 & 1 \\ 1 & -1 \end{bmatrix}$$

であるため，本来は 4 回のかけ算を必要とするところを，かけ算の必要はありません．したがって，上述の計算法のかけ算の回数は全体を 4 で割って，$(n/2)\log_2 n$ 回になります．

Appendix D

問題略解

Chapter 1

1. (a) $a^3 + b^3 = (a+b)(a^2 - ab + b^2)$ に $a = \sin\theta$，$b = \cos\theta$ を代入すると

$$\begin{aligned}\sin^3\theta + \cos^3\theta &= (\sin\theta + \cos\theta)(\sin^2\theta - \sin\theta\cos\theta + \cos^2\theta)\\ &= (\sin\theta + \cos\theta)(1 - \sin\theta\cos\theta)\end{aligned}$$

(b)

$$\begin{aligned}\frac{\cos^2\theta - \sin^2\theta}{1 + 2\sin\theta\cos\theta} &= \frac{\cos^2\theta - \sin^2\theta}{\sin^2\theta + 2\sin\theta\cos\theta + \cos^2\theta}\\ &= \frac{(\cos\theta - \sin\theta)(\cos\theta + \sin\theta)}{(\sin\theta + \cos\theta)^2}\\ &= \frac{1 - \dfrac{\sin\theta}{\cos\theta}}{1 + \dfrac{\sin\theta}{\cos\theta}}\\ &= \frac{1 - \tan\theta}{1 + \tan\theta}\end{aligned}$$

2. (a)

$$\begin{aligned}\sin 15^\circ &= \sin(45^\circ - 30^\circ) = \sin 45^\circ\cos 30^\circ - \cos 45^\circ\sin 30^\circ\\ &= \frac{1}{\sqrt{2}}\frac{\sqrt{3}}{2} - \frac{1}{\sqrt{2}}\frac{1}{2} = \frac{\sqrt{6} - \sqrt{2}}{4}\end{aligned}$$

(b)

$$\begin{aligned}\tan 75^\circ &= \tan(45^\circ + 30^\circ) = \frac{\tan 45^\circ + \tan 30^\circ}{1 - \tan 45^\circ\tan 30^\circ}\\ &= \frac{1 + \dfrac{1}{\sqrt{3}}}{1 - \dfrac{1}{\sqrt{3}}} = \frac{\sqrt{3} + 1}{\sqrt{3} - 1} = 2 + \sqrt{3}\end{aligned}$$

(c) $\cos^2\dfrac{\theta}{2} = \dfrac{1 + \cos\theta}{2}$ より

$$(\cos 22.5^\circ)^2 = \frac{1 + \cos 45^\circ}{2} = \frac{1 + \dfrac{\sqrt{2}}{2}}{2} = \frac{2 + \sqrt{2}}{4} \qquad \cos 22.5^\circ = \frac{\sqrt{2 + \sqrt{2}}}{2}$$

3. (a) $2\sin x\cos x = \cos x$ より

$\sin x = \dfrac{1}{2}$ または，$\cos x = 0$ したがって $x = \dfrac{\pi}{6}$，$\dfrac{5}{6}\pi$，$\dfrac{\pi}{2}$，$\dfrac{3\pi}{2}$

(b) $1=\frac{1}{2}\sin x+\frac{\sqrt{3}}{2}\cos x=\sin x\cos\frac{\pi}{3}+\cos x\sin\frac{\pi}{3}=\sin\left(x+\frac{\pi}{3}\right)$

$$\frac{\pi}{3}\leqq x+\frac{\pi}{3}<2\pi+\frac{\pi}{3}$$

より

$$x+\frac{\pi}{3}=\frac{\pi}{2}$$

したがって

$$x=\frac{\pi}{6}$$

4. $\cos 4\theta+i\sin 4\theta=e^{4i\theta}=(\cos\theta+i\sin\theta)^4$

$$=\cos^4\theta-6\cos^2\theta\sin^2\theta+\sin^4\theta+4i(\cos^3\theta\sin\theta-\cos\theta\sin^3\theta)$$

より

(a) $\cos 4\theta=\cos^4\theta-6\cos^2\theta(1-\cos^2\theta)+(1-\cos^2\theta)^2=1-8\cos^2\theta+8\cos^4\theta$

(b) $\sin 4\theta=4\cos\theta\sin\theta(\cos^2\theta-\sin^2\theta)$

Chapter 2

1. $b_n=\frac{2}{\pi}\int_0^\pi\sin nx dx=\frac{2}{n\pi}\left[-\cos nx\right]_0^\pi=\frac{2}{n\pi}\{1-(-1)^n\}$ より

$$f(x)\sim\frac{4}{\pi}\left(\sin x+\frac{1}{3}\sin 3x+\frac{1}{5}\sin 5x+\cdots\right)$$

$x=\pi/2$ とおくと

$$1\sim\frac{4}{\pi}\left(1-\frac{1}{3}+\cdots\right)$$

より

$$1-\frac{1}{3}+\frac{1}{5}-\frac{1}{7}+\cdots=\frac{\pi}{4}$$

2. $b_n=\frac{2}{\pi}\int_0^\pi\sinh ax\sin nx dx$

$$=\frac{1}{\pi}\left(\int_0^\pi e^{ax}\sin nx dx-\int_0^\pi e^{-ax}\sin nx dx\right)$$

$$=\frac{1}{\pi(n^2+a^2)}\left[e^{ax}(-n\cos nx+a\sin nx)\right]_0^\pi$$

$$+\frac{1}{\pi(n^2+a^2)}\left[e^{-ax}(n\cos nx+a\sin nx)\right]_0^\pi$$

$$=\frac{2n(-1)^{n+1}}{\pi(n^2+a^2)}\sinh a\pi,\quad \sinh ax\sim\frac{2}{\pi}\sinh a\pi\sum_{n=1}^\infty\frac{(-1)^{n+1}n}{n^2+a^2}\sin nx$$

$a=1$，$x=\pi/2$ とおくと

$$\sinh\frac{\pi}{2}=\frac{2}{\pi}\sinh\pi\sum_{n=1}^\infty\frac{(-1)^{n+1}n}{n^2+1}\sin\frac{n\pi}{2}$$

より

$$\sum_{n=1}^{\infty}\frac{n(-1)^{n+1}}{1+n^2}\sin\frac{n\pi}{2}=\sum_{m=0}^{\infty}\frac{(-1)^m(2m+1)}{(2m+1)^2+1}=\frac{\pi}{2}\frac{\sinh(\pi/2)}{\sinh\pi}$$

3. $$a_0=\frac{2}{\pi}\int_0^{\pi}\cos ax dx=\frac{2}{a\pi}[\sin ax]_0^{\pi}=\frac{2\sin a\pi}{a\pi}$$

$$a_n=\frac{2}{\pi}\int_0^{\pi}\cos ax\cos nx dx=\int_0^{\pi}\frac{1}{\pi}(\cos(a-n)x+\cos(a+n)x)dx$$

$$=\frac{1}{\pi}\left[\frac{\sin(a-n)x}{a-n}+\frac{\sin(a+n)x}{a+n}\right]_0^{\pi}=\frac{(-1)^n 2a\sin a\pi}{\pi(a^2-n^2)}$$

$$\cos ax\sim\frac{\sin a\pi}{a\pi}+\frac{2a\sin a\pi}{\pi}\sum_{n=1}^{\infty}(-1)^n\frac{\cos nx}{a^2-n^2}$$

この式で $x=\pi$ とおき両辺に $\dfrac{\pi}{\sin a\pi}$ をかけると問題の式が得られます．

4. (a) 右辺 $$=\frac{1}{1-a^2}\frac{1-ae^{-ix}+ae^{-ix}-a^2}{(1-ae^{ix})(1-ae^{-ix})}$$

$$=\frac{1}{1-2a(e^{ix}+e^{-ix})/2+a^2}=\text{左辺}$$

(b) 与式の右辺

$$=\frac{1}{1-a^2}\left\{(1+ae^{ix}+a^2e^{2ix}+\cdots)+ae^{-ix}(1+ae^{-ix}+a^2e^{-2ix}+\cdots)\right\}$$

$$=\frac{1}{1-a^2}\{1+a(e^{ix}+e^{-ix})+a^2(e^{2ix}+e^{-2ix})+\cdots\}$$

$$=\frac{1}{1-a^2}(1+2a\cos x+2a^2\cos 2x+\cdots)$$

5. (a) 式(2.3.10) において $x=a\xi$ を代入し，あらためて ξ を x と考えます．

(b) 式(2.3.10)，(2.3.11) において $x=\xi+b$ 代入し，周期 $2l$ の関数 $f(x)$ に対して

$$\int_{-l+b}^{l+b}f(x)dx=\int_{-l}^{l}f(x)dx$$

が成り立つことを使います．

Chapter 3

1. (a) $$F\left[\frac{1}{x^2+a^2}\right]=\frac{1}{\sqrt{2\pi}}\int_{-\infty}^{\infty}\frac{e^{-i\lambda x}}{x^2+a^2}dx=\frac{1}{\sqrt{2\pi}}\oint_c\frac{e^{-i\lambda z}}{z^2+a^2}dz$$

$$=\frac{1}{\sqrt{2\pi}}2\pi i\mathrm{Res}(ai)=\sqrt{2\pi}i\lim_{z\to ai}\frac{e^{-i\lambda z}}{z+ia}$$

$$=\sqrt{\frac{\pi}{2}}\frac{e^{\lambda a}}{a}$$ （下図を参照）

Im(z)

ai

Re(z)

(b) $\displaystyle F[f(x)] = \frac{1}{\sqrt{2\pi}}\int_0^a (a-x)e^{-i\lambda x}dx + \frac{1}{\sqrt{2\pi}}\int_{-a}^0 (a+x)e^{-i\lambda x}dx$

$$\begin{aligned}
&= \frac{1}{\sqrt{2\pi}}\left[-\frac{e^{-i\lambda x}}{i\lambda}(a-x) + \frac{1}{(i\lambda)^2}e^{-i\lambda x}\right]_0^a \\
&\quad + \frac{1}{\sqrt{2\pi}}\left[-\frac{e^{-i\lambda x}}{i\lambda}(a+x) - \frac{1}{(i\lambda)^2}e^{-i\lambda x}\right]_{-a}^0 \\
&= \sqrt{\frac{2}{\pi}}\frac{1-\cos a\lambda}{\lambda^2}
\end{aligned}$$

2. (a) $i\dfrac{dF}{d\lambda}$

(b) $e^{2i\lambda}F(\lambda)$

(c) $F(-\lambda)$

(d) $2iF(\lambda)\sin a\lambda$

(e) $F(\lambda-\omega)$

(f) $\dfrac{F(\lambda-\omega)-F(\lambda+\omega)}{2i}$

3. (a) $\displaystyle F[f] = \frac{1}{\sqrt{2\pi}}\int_{-1}^1 (1-x^2)e^{-i\lambda x}dx$

$$\begin{aligned}
&= \frac{1}{\sqrt{2\pi}}\left[\left(-\frac{1-x^2}{i\lambda} - \frac{2x}{\lambda^2} - \frac{2}{i\lambda^3}\right)e^{-i\lambda x}\right]_{-1}^1 \\
&= \frac{2\sqrt{2}}{\sqrt{\pi}}\frac{\sin\lambda - \lambda\cos\lambda}{\lambda^3}
\end{aligned}$$

(b) 逆変換の公式から

$$\begin{aligned}
f(x) &= \frac{1}{\sqrt{2\pi}}\int_{-\infty}^{\infty} F(\lambda)e^{ix\lambda}d\lambda \\
&= \frac{2}{\pi}\int_{-\infty}^{\infty}\left(\frac{\sin\lambda - \lambda\cos\lambda}{\lambda^3}\right)e^{ix\lambda}d\lambda \\
&= \frac{4}{\pi}\int_0^{\infty}\left(\frac{\sin\lambda - \lambda\cos\lambda}{\lambda^3}\right)\cos x\lambda d\lambda
\end{aligned}$$

$x = 1/2$ とおけば

$$\frac{4}{\pi}\int_0^{\infty}\left(\frac{\sin\lambda - \lambda\cos\lambda}{\lambda^3}\right)\cos\frac{\lambda}{2}d\lambda = 1 - \left(\frac{1}{2}\right)^2 = \frac{3}{4}$$

より，求める積分は

$$\frac{3\pi}{16}$$

4. f のフーリエ正弦変換

$$F_s[f] = \sqrt{\frac{2}{\pi}}\int_0^{\infty} f(x)\sin\lambda x dx = \sqrt{\frac{2}{\pi}}\lambda e^{-\lambda}$$

したがって，逆変換の公式から

$$f(x) = \sqrt{\frac{2}{\pi}}\int_0^{\infty} F_s(\lambda)\sin(x\lambda)d\lambda = \frac{2}{\pi}\int_0^{\infty}\lambda e^{-\lambda}\sin\lambda x d\lambda = \frac{4}{\pi}\frac{x}{(1+x^2)^2}$$

Chapter 4

1. (a) $L\left[\sin(at+b)\right] = L\left[\sin at\right]\cos b + L\left[\cos at\right]\sin b = (a\cos b + s\sin b)/(s^2+a^2)$

   (b) $$\begin{aligned} L\left[\sinh^2 at\right] &= \frac{1}{4}L\left[(e^{at}-e^{-at})^2\right] \\ &= \frac{1}{4}L\left[e^{2at}-2+e^{-2at}\right] \\ &= \frac{1}{4}\left(\frac{1}{s-2a}-\frac{1}{2s}+\frac{1}{s+2a}\right) \\ &= \frac{s}{2(s^2-4a^2)}-\frac{1}{2s} \end{aligned}$$

   (c) $$\begin{aligned} L\left[e^t(2\sin t-5\cos 2t)\right] &= 2L\left[e^t\sin t\right]-5L\left[e^t\cos 2t\right] \\ &= \frac{2}{(s-1)^2+1}-\frac{5(s-1)}{(s-1)^2+4} \end{aligned}$$

   (d) $$L\left[f(t)\right] = \int_0^1 0e^{-st}dt + \int_1^2 e^{-st}dt + \int_2^\infty 0e^{-st}dt$$
   $$= \left[-\frac{1}{s}e^{-st}\right]_1^2 = (e^{-s}-e^{-2s})/s$$

2. (a) $L^{-1}\left[\frac{s-a}{(s-b)^2}\right] = L^{-1}\left[\frac{1}{s-b}+\frac{b-a}{(s-b)^2}\right] = e^{bt}+(b-a)te^{bt}$

   (b) $$\begin{aligned} L^{-1}\left[\frac{s+1}{(s+2)(s-3)(s+4)}\right] &= \frac{-2+1}{Q'(-2)}e^{-t}+\frac{3+1}{Q'(3)}e^{3t}+\frac{-4+1}{Q'(-4)}e^{-4t} \\ &= \frac{1}{10}e^{-t}+\frac{4}{35}e^{3t}-\frac{3}{14}e^{-4t} \end{aligned}$$
   $$(Q'(s) = 3s^2+6s-10)$$

   (c) $L^{-1}\left[\frac{1}{s^2(s^2-9)}\right] = \frac{1}{27}L^{-1}\left[\frac{3}{s^2-3^2}\right]-\frac{1}{9}L^{-1}\left[\frac{1}{s^2}\right] = \frac{1}{27}\sinh 3t-\frac{t}{9}$

   (d) $L^{-1}\left[\frac{1}{s^4-a^4}\right] = \frac{1}{2a^2}L^{-1}\left[\frac{1}{s^2-a^2}-\frac{1}{s^2+a^2}\right] = \frac{1}{2a^3}\left(\sinh at-\sin at\right)$

3. $L[x]=X$，$L[y]=Y$ とおきます．

   (a) $(s^2-0s-1)+2(sX-0)+X = 1/(s+2)^2$
   $$X = \frac{1}{(s+1)^2}+\frac{1}{(s+1)^2(s+2)^2} = -\frac{2}{s+1}+\frac{2}{(s+1)^2}+\frac{2}{s+2}+\frac{1}{(s+2)^2}$$
   より
   $$x = (-2+2t)e^{-t}+(2+t)e^{-2t}$$

   (b) $\left(s^2X-\frac{s}{2}-\frac{1}{2}\right)-3\left(sX-\frac{1}{2}\right)+2X = \frac{1}{(s-4)^2+1}$
   $$\begin{aligned} X &= \frac{1}{2(s-1)}+\frac{1}{(s-1)(s-2)(s^2-8s+17)} \\ &= \frac{1}{2(s-1)}-\frac{1}{10(s-1)}+\frac{1}{5(s-2)}-\frac{1}{10}\frac{(s-4)-1}{(s-4)^2+1^2} \end{aligned}$$
   $$x = \frac{2}{5}e^t+\frac{1}{5}e^{2t}-\frac{1}{10}e^{4t}\cos t+\frac{1}{10}e^{4t}\sin t$$

（c）$(sX-4)-3(sY-1)+2Y=0,\quad (sX-4)+4X-5(sY-1)=0$

$$X=\frac{4s-1}{s^2-5s+4}=\frac{5}{s-4}-\frac{1}{s-1},\quad x=5e^{4t}-e^t$$

$$Y=\frac{s+2}{s^2-5s+4}=\frac{2}{s-4}-\frac{1}{s-1},\quad y=2e^{4t}-e^t$$

4. （a）$x'(0)=C$ とおくと $(s^2X-s-C)+4(sX-1)+8X=0$

$$X=\frac{s+C+4}{s^2+4s+8}=\frac{s+2}{(s+2)^2+2^2}+\frac{C+2}{2}\frac{2}{(s+2)^2+2^2}$$

$$x=e^{-2t}\cos 2t+\frac{C+2}{2}e^{-2t}\sin 2t$$

（b）$x'=-2e^{-2t}(\cos 2t+\sin 2t)+(C+2)e^{-2t}(-\sin 2t+\cos 2t)$

$$x'(\pi/2)=e^{-\pi}$$

より

$$2-(C+2)=1\quad C=-1$$

したがって

$$x=e^{-2t}\left(\cos 2t+\frac{1}{2}\sin 2t\right)$$

5. ラプラス変換して $sX-1+4X+3X/s=1/(s-1)$

$$X=\frac{s^2}{(s^2+4s+3)(s-1)}=\frac{1}{8}\frac{1}{s-1}-\frac{1}{4}\frac{1}{s+1}+\frac{9}{8}\frac{1}{s+3}$$

より

$$x=\frac{1}{8}e^t-\frac{1}{4}e^{-t}+\frac{9}{8}e^{-3t}$$

Index

あ

か

さ

た

な

は

や

ら

Notice

インデックス出版

https://www.index－press.co.jp/

固体ホーンの設計【電子書籍版 / オンデマンド書籍】

定　　価　本体価格￥195,000＋税　　（電子書籍）
本体価格　￥200,000＋税　　（オンデマンド書籍）
ページ数　125
サイズ　B5
執　　筆　山下四郎，河村哲也
付　　録　Fortran，Excel プログラム

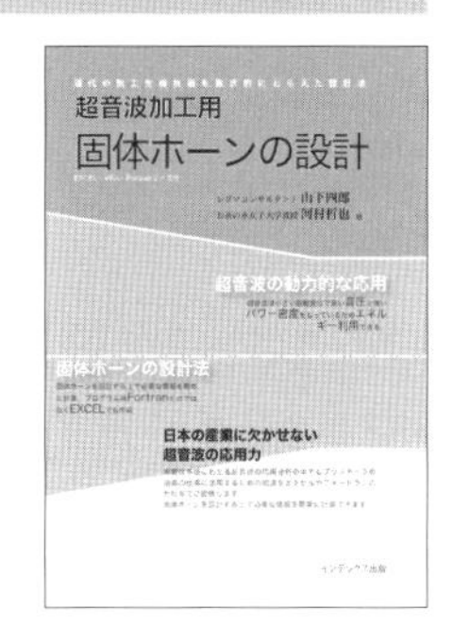

書籍の紹介

超音波は小さい振動変位で高い音圧と強いパワー密度をもっているためエネルギーとして利用できます．その応用例は沢山ありますが，その中でプラスチックの溶着・かしめ・金属部品のインサート，超音波振動切削，超音波洗浄などはよく知られている技術です．
プラスチックの溶着・かしめ・金属部品のインサートなどの仕事に際しては，振動子の振幅を大きな振幅に増幅する必要があります．振幅を増幅する手段として，一般的に固体ホーンがあります．固体ホーンは，その細端面の振動速度が太端面の振動速度より大きいという，振動変成作用をもっています．振動変成作用を説明するとき，電気的な音響負荷インピーダンスとして解析する手法がありますが本書では，固体ホーンの設計法を別の視点から数式的にとらえ，固体ホーンを設計する上で必要な情報を簡単に計算できるような構成になっております．そして，固体ホーンを設計しやすいように計算例題を中心にプログラムも掲載されており，読者は簡単にホーンを製作できるように工夫がされております．
本文中のプログラムは Fortran だけではなく Excel でも作成されています．
実務者のための本格的設計ツールです。

目次

最新 建設マネジメント

定　　価　本体価格￥2600＋税
ページ数　270
著　　者　小林康昭

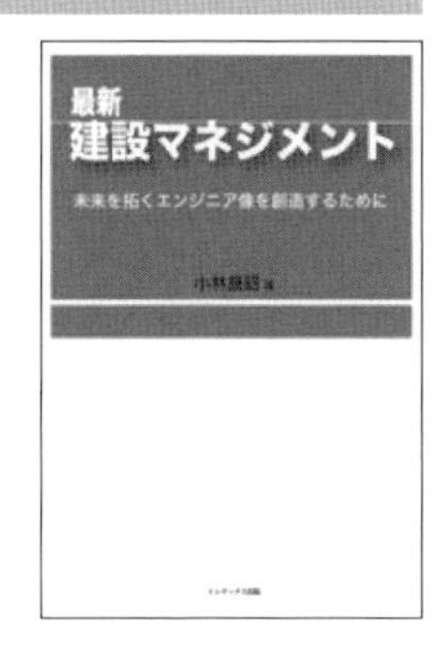

書籍の紹介

（まえがき より抜粋）
……従来の建設生産は，管理という伝統的な形で問題を解決し目標を達成してきた．しかし，現代の環境では，早く，良く，安く，の管理指標だけでは，問題の解決は困難になった．社会からの評価も得られなくなった．時代の変化にも応えられなくなった．そこで，建設の世界をとりまく社会からの要求に応えられるような建設マネジメントの確立とその実践に迫られた．……建設マネジメントは，建設生産を合理的に行うことを追求する，もしくは，建設生産の合理性を追求する行為である．合理性とは，生産性や採算性を重視する効率性ばかりではなく，便益性や倫理観を重視する社会性や，安全性や人道的な観念まで踏み込んだ人間性の領域も含む，と考えられている．そしてマネジメントの対象は，組織や制度などの仕組みばかりではなく，設計や施工などの生産行為や，職場の環境や人間関係なども含んでいるのである．
したがって，建設マネジメントが扱う領域は広い．この本で取り上げる対象も，31章の多岐にわたっている．これを，社会基盤整備を支える仕組み，マネジメントの基本的な知識，建設産業の構造，建設生産の発注システム，生産管理のマネジメント，採算性のマネジメント，マネジメントと技術者，の7部に分類して構成した．

目次

ホラアナグマ物語
—ある絶滅動物の生と死—

定　　価　本体価格￥3,000＋税
ページ数　192
サ イ ズ　A5
著　　者　ビョーン・クルテン
訳　　者　河村　愛・河村善也

訳者のまえがき

本書は、第四紀の哺乳類化石に興味を持つ人々だけでなく、現生のものも含めた哺乳類全般に興味を持つ人々、第四紀の環境変化とその中で暮らしていた 動植物との関係に興味を持つ人々、絶滅動物の発見の歴史やその研究の歴史など科学史に興味を持つ人々、さらには第四紀の人類や旧石器時代の考古学に興 味を持つ人々など、日本の多くの方々に是非読んでいただきたい良書である。 また訳注を多く付けてあるので一般の人々が読んでも理解しやすく、興味深い 内容の本になっていると思う。本書を読んで、多くの読者の方々が「第四紀の 哺乳類はおもしろい」と実感していただけることは、訳者にとって大きな喜び である。

目次

【著者紹介】

河村 哲也（かわむら てつや）
お茶の水女子大学 大学院人間文化創成科学研究科　教授（工学博士）

コンパクトシリーズ数学（すうがく）　フーリエ解析（かいせき）・ラプラス変換（へんかん）

2020年1月30日　初版第1刷発行

著　者　河　村　哲　也
発行者　田　中　壽　美

発行所　インデックス出版
〒191-0032　東京都日野市三沢 1-34-15
Tel 042-595-9102　Fax 042-595-9103
URL：http://www.index-press.co.jp

Printed in Japan　ISBN978-4-910058-05-4 C3041　